KB058157

BAKER

스퀘어 이미

브레드랩

크빵

오월의 청

루엄드파리

플립츠 커피 컴퍼니

미아논나

아오이하나

장터크

미미롱

집에서 만드는
인기 베이커리의
오리지널 빵

made by

BAKER

글
사진
오승해

그리운 도시 멜버른
그리고, 빵 생각

─────────────

밥보다 빵을 더 좋아하는 사람들이 있다. 나도 그런 이들 중 한 사람.
가고 싶은 빵집들을 메모해놓고 시간이 날 때마다 가려고 한다. 이런 취미
는 호주에 사는 동안 생긴 것인데, 한국에서는 사실 동네의 작은 빵집들이
오히려 식상했다. 대기업의 프랜차이즈의 빵들이 더 신선하다고 느꼈다.
지금이야 많은 것들이 달라졌지만 16년 전엔 그랬었다.
그렇게 호주 멜버른에 살면서 삶과 세상을 바라보는 시선이 변했다. 무엇
보다 외식과 카페에 대한 나의 선입견과 의심이 180도로 바뀌었고 식성과
습관, 성격까지 모두 바뀌었다. 정확히 무엇인지, 세세한 부분들을 일일이
나열할 수는 없지만, 몇 가지만 말하자면 대략 이렇다.
김치가 없어도 살 수 있다는 것을 그곳에서 처음 알게 되었고, 내가 케이크
와 빵을 엄청나게 좋아한다는 것을 깨달았으며, 별다방 커피보다 로컬의
진한 플랫화이트를 즐기게 되었다.

솔직히 한국에서의 나의 활동에는 멜버른을 향한 그리움이 담겨 있다. 6년 가까이 지낸 시간의 1분 1초가 모두 기억날 만큼 애틋하기에 그럴지도 모르겠고, 밥 대신 빵과 커피와 함께한 순간들이 더 많아서일지도 모르겠다. 여하간 변덕스러운 날씨마저 사랑스러운 그 도시에서 강렬했던 두 가지는 카페와 베이커리.

지금은 스마트폰이 있어 손가락 끝에서 세상이 연결되지만, 멜버른에 있었을 때만 해도 그런 시대가 아니었기 때문에 지역신문을 구독했었다. 그곳에는 빵집과 카페의 정보가 끊임없이 업데이트되었고, 첫 일자리를 구한 경로도 신문을 통해서였다.

한국에 오기 전까지 일했던 '유기농 로퍼 브레드ORGANIC Loafer Bread'. 멜버른 CBD 북쪽 지역인 노스 피츠로이North Fiztroy에 위치해 있는 이곳은 말 그대로 유기농 재료로 빵을 만드는 베이커리다. 살기 좋고 깨끗한 나라로 알려졌다지만 호주에서도 오가닉 제품의 가격은 만만치가 않다. 다만 좋은 것을 먹고 팔겠다는 메이커들의 의식과 제품의 퀄리티는 우리보다 훨씬 앞서 있는 듯싶다. 아무튼 영주권을 따려면 반드시 일을 해야 했기에, 아무리 아침잠이 많아도 새벽에 출근해야 하는 것을 피할 수 없었다. 당시 파티세리를 전공하고 있던 내게 베이커리에서의 일은 여러모로 도움이 되었다. 그러나 학업과 현장은 역시 너무나도 달랐다. 주로 셰프를 보조하는 역할이었는데 커스터드크림과 머랭 쿠키, 모로칸 쿠키와 같은 비교적 손쉬운 프렙을 담당했고, 재료를 다듬는 준비 작업으로 대부분의 시간을 보냈다. 나는 능숙한 다른 동료의 손놀림과 기술을 늘 옆에서 지켜보기만 했다. 그들은 밀가루와 씨앗들을 섞고 스펠트와 다른 종류의 밀가루를 섞어 빵을 만들었으며, 주인 아주머니였던 안드레아와 빵에 관해 이런저런 이야기를 나눴다. 재료에 관해, 오늘의 믹싱에 관해, 오븐에 관해 대화했다. 때로는 씨앗을 하루 전날 불려놓고 다른 잡곡류와 섞는 과정을 돕기도 하면서 엄청난 양의 믹싱을 보며 감탄하기도 했다. 매일 반복되는 베이커리의 일상.

나의 사수였던 줄리앙은 대만 청년이었지만 호주에서 중고등학교를 다닌 뒤 디자인스쿨에 재학 중이었다. 어쩌다가 파트타이머를 하게 된 이곳에서 안드레아의 신임을 얻으며 디저트와 페이스트리를 담당하고 있었다. 그는 언제나 나보다 일찍 출근했고 자신의 할 일을 너무나도 명확히 체크하며 똘똘하게 움직였다. 나이는 나보다 어렸지만 단 한 번도 그를 '나이 어린 사람'이라고 여겨본 적이 없다. 선배였고 동료였을 뿐. 오히려 너무나도 거리낌없이 '알렉스, 이렇게 하는 거 잘 봐. 알겠지?' 등의 조언을 해줄 때 그의 표정이 몹시 진지해 고맙기까지 했다. 설거지는 물론 나의 몫이었다. 힘든 하루 일과가 끝나면 안드레아는 언제나 빵 2개를 랙_{rack}에서 자유롭게 가져가도록 허락했는데, 내가 골랐던 건 주로 호밀빵이나 루스틱, 깜빠뉴, 통밀빵 등이었다. 갓 나온 빵들을 집에 가는 동안 뜯어 먹으며 시큼함과 달콤함을 동시에 음미했던 추억이 새삼 아련하다.

로퍼에서는 그날 반죽한 빵을 바로 구워 팔지 않았다. 오후 늦게 빵을 굽고 나면 랙에서 쿨링을 했고 그다음 날 윈도우에 진열했다. 그 무렵 나는 유기농 사워도우_{sourdough}를 처음 알게 되었고, 고소함과 쫄깃함, 향기로운 밀가루 향미 등, 그 오묘했던 맛의 생경함을 아직도 기억하고 있다. 학교에서 배운 레시피대로 만들어봤지만 그것과는 현저히 다른 느낌이었다. 가마솥에 누룽지를 끓여 빵으로 만든 고소하고 시큼한 맛이랄까?

이 책은 우여곡절 끝에 한국에 돌아와 멜버른이 그리울 때마다 그곳을 생각나게 해줬던 빵집들을 사람들에게 소개하고 싶은 마음에서 출발했다. 많은 것이 다르지만 적어도 빵을 먹거나 앉아 있는 순간만큼은 비슷한 느낌이 들었던 곳들만을 꼽았다. 다행히, 다정다감한 베이커들에게서 그들의 빵집이 가진 크고 작은 이야기를 들을 수 있었고, 특히 레시피 공개에 선뜻 응해준 그들에 대한 감사함은 이루 표현할 수가 없다.

무수히 수정하고 연구해 얻은 소중한 레시피를 소개하는 것의 취지는 우리가 좋아하는 빵과 케이크를 홈베이킹 버전으로 시도해봄으로써 느낄 즐거움과 만족감이다. 그들이 만든 것과 똑같이 만들 수는 없지만, 적어도 빵을 만드는 동안 잠시 그곳에 있는 기분이 들지도 모르고 결과물이 나왔을 때의 자신의 실력을 가늠해볼 수도 있는 일이니 말이다.

부디 이 책을 통해 지금껏 사서 먹었던 친숙한 빵들이 어떻게 만들어지고 어떤 손길이 닿았는지 바라보며, 집에서도 구수하고 달콤한 순간을 만끽하길 바란다.

오 승 해

버터향 가득한 크루아상, 담백한 바게트, 빵이 좋아.

고소한 빵굽는 냄새, 이게 행복 아닐까?

메이드 바이
베이커

(J)

made by
BAKER

JANGTIQUE

장티크

01

내가 장티크의 빵을 즐기는 가장 이상적인 코스는 이렇다. 아침을 아주 가볍게 먹거나 거른 상태로 정오에 도착, 명란 바게트와 크루아상, 그리고 아메리카노를 주문해 테이블에 앉아 천천히 먹는다. 물론 속도 조절이 힘들어 10분 안에 끝내 버리기 일쑤지만 차가운 앙데니를 추가로 주문해 남은 커피와 함께 먹으면, 천천히 불러오는 배에 만족감으로 마음이 충만해진다.
마지막으로 우유 식빵, 단호박 트위스트, 초코 큐브, 버터 프레첼, 브라우니 등의 빵을 푸짐하게 포장해서 가족들과 함께 나누며 행복한 시간을 즐긴다.

장티크

Baker 김장환

"시선을 사로잡는 옐로&블랙 하모니"
"작지만 세련된 갤러리 베이커리 카페"
"편안한 동네 사랑방"

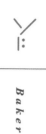

　　　　　　서초동에서 학창시절을 보냈다는 김장환 베이커는
외식업을 하던 부모님의 영향으로 대학에서 경영학을 전공했다. 직접 요리를 할 줄 모르
면 음식 사업을 할 수 없다는 부모님의 충고와 자기 미래에 대한 진지한 고민 끝에 일본
동경으로 유학을 떠났다. 요리를 배울 참이었다. 그러나 인생의 전환점은 늘 뜻하지 않게
찾아오듯, 일본의 섬세하고 독특한 빵에 점점 매력을 느낀 그는 동경제과학교에서 파티세
리를 공부하는 여동생과 달리 제빵으로 키워드를 잡았다. 막상 시작하니 빵에 대한 열정
과 관심이 자신에게 그토록 많을 줄은 몰랐다고. 한국에서 먹던 빵들과 많이 다른 맛과
기법, 비주얼에 반한 그는 그렇게 요리가 아닌 베이킹에 뜻을 두게 되었다.
다행히 그의 선택은 옳았다. 평생 하고 싶은 일을 찾았을 뿐만 아니라 더 큰 꿈을 꿀 수 있
는 발판을 마련했으니 말이다. 처음부터 계획했던 일은 아니었지만 아내와 동생이 모두 같
은 필드에 있고 부모님의 사업을 지켜보며 자란 덕분이 아닐는지. 신제품 개발과 더불어
기존의 제품을 꾸준히 향상시키고, 매장이 바쁘면 스스로 홀에서 주문을 받으며 손님을 응
대하는 그의 친절한 모습에서 사랑받는 빵집의 전형을 만날 수 있다.

Bakery

　　'장티크'에는 김장환, 정주희 부부의 영문 이니셜인 'J'가
들어 있다. 부부가 모두 앤틱을 좋아하는 데다 일본의 양과자 가게들의 클래식한 스타일
이 마음에 들어, J와 앤틱을 합쳐 이름을 지었다. 실력 있는 파티시에인 아내와 함께 소박
한 부부 베이커리를 운영할 계획이었다. 그러나 오픈 후 이곳의 시그니처가 된 '앙데니'의
폭발적인 인기와 방송 출연 등의 이유로 직원을 쓰지 않으면 안될 정도로 일손이 부족해
졌고, 아내가 임신과 육아를 담당하면서 자연스럽게 김장환 베이커 중심으로 매장이 운영
되는 상황이 되었다. 예상은 다소 빗나갔지만 '장티크'가 추구하는 방향만큼은 변함이 없
다. 바로 원리원칙을 지키며 정직한 빵을 굽는다는 철학이다. 신혼여행에 가서도 오직 베
이커리만을 생각하며 인테리어 구상을 하며 보냈을 정도로 부부의 모든 것이 담겨 있는
베이커리.
이런 정성 가득한 부부의 손길 덕분에 베이커리는 오래된 편집숍처럼 유럽 스타일의 선명
함과 분위기가 살아 있다. 서체도 그에 따라 클래식하게 정했고 가구들도 옛스러우면서도
모던하게 꾸몄다. 노릇노릇 혹은 하얗게 구운 향기로운 빵들이 앞쪽으로 나란히 진열돼
있고, 시야에 스며드는 바로크 양식의 타일도 은근히 멋스럽다. 분리된 좌석 테이블은 대
리석 재질이고 편안한 의자들이 놓여 있다.

다만 언덕길에 위치해 있고 걸어 다니는 사람이 많지 않은 데다가 마을버스와 자동차들이 쉽게 지나치는 바이패스라는 점이 마음에 걸렸다. 마땅히 주차하기도 애매해서 물리적으로 사람의 시선을 끌기에는 미흡한 조건이었다. 이에 부부는 무의식적으로 시선이 머물수 있는 노란색을 가게의 메인 컬러로 선택했다. 주변의 둔탁함 사이에서 단연 돋보이게되자 가게 이름을 모르는 사람들에게도 '노란 빵집'으로 깊게 인식돼 자리를 잡았다. 빵들역시 1년이 훌쩍 넘으면서 손님들의 취향과 트렌드를 적절히 맞추며 안정화 단계에 이르렀다.

많은 빵집이 빵 나오는 시간을 알려준다. 특히 직접 손수 만들고 준비하는 작은 빵집들의 경우 한 번에 모든 빵을 준비할 수 없기 때문에 언제 무슨 빵이 나온다는 스케줄을 정해놓아야 고객에게는 유용한 정보가 되고 베이커에게는 규칙적인 일과가 된다. 이는 서로에게 긍정적인 동기부여로 작용한다. '장티크'에도 빵 시간표가 있다. 이른 아침부터 전날 준비해놓은 일들을 정해진 순서에 따라 진행하는데 김장환 베이커 이외 두어 명의 직원들이 명민하게 움직인다.

기본적으로 오랜 숙성 시간이 필요한 바게트 종류의 담백한 빵들이 다소 늦게 나오고 오후 1시 이전이면 대부분의 빵이 나온다. 가장 빨리 나오는 빵은 역시 크루아상 종류의 버터 가득한 리치 도우. 각종 식빵과 치아바타, 앙데니가 나오는 시각은 10시 30분 이후다. 김장환 베이커는 매출이 나오지 않는 제품이 있으면 과감히 삭제하거나 다른 접근법을 시도해 소비자가 원하는 빵을 만들 때까지 노력한다고 설명했다. 그래서인지 가장 만족스러운 순간은 자신의 생각대로 나온 빵이 고객의 만족으로 이어질 때다.

앙데니

유전인지 몰라도 나는 팥을 참 좋아한다. 단팥빵은 말할 것도 없이 보이면 무조
건 사먹는 편이지만 나름 기준이 있다. 팥만 많이 들어도 안 되고 반죽과 따로 놀
지 않아야 한다. 너무 달지 않아야 하고 반으로 잘랐을 때 깨끗하게 잘리지 않는
쫄깃함이 있어야 한다. '장티크'의 앙데니는 순수한 단팥빵은 아니지만 뭐랄까,
빵과 디저트의 경계를 허문 일종의 '디저트 단팥빵'으로 느껴졌다. 크림과 단팥의
차가운 조합이 버터로 반죽한 빵에 들어 있는데, 빵 반죽을 할 때 버터 역시 차가
운 상태로 들어가므로 주재료가 모두 차가운 성질을 가진 셈이다. 그래서인지 몰
라도 한 입 베어 물었을 때 입안에 퍼지는 전체적인 조화가 완벽하다. 김장환 베
이커는 앙데니가 하루아침에 갑자기 떠오른 아이디어는 아니라며 오랫동안 구상
했다고 한다. 앙데니의 맛은 여전히 진행형이며 앞으로도 업그레이드와 변화를
거듭하며 다양한 앙데니를 선보일 계획이다.

초코다쿠아즈

달걀의 흰자를 마구 풀어 구운 마카롱이나 머랭 같은 가벼운 식감을 좋아하지 않아 다쿠아즈를 즐겨 먹는 편은 아니다. 하지만 대중적인 입맛은 입안에서 사르르 녹아 내리는 부드럽고 달콤하며 바삭바삭한 질감을 선호하는 듯하다. '장티크'의 다쿠아즈는 내가 먹어본 다쿠아즈 중에서 가장 촉촉하다고 해야 할까. 구덕구덕한 조각을 씹어먹는 재미가 있다. 덕분에 샌딩된 초콜릿 크림과의 조합이 매우 마음에 든다. 또 다쿠아즈 쿠키만 만들어 먹어도 훌륭한 간식거리가 될 것이다.

Behind Story

Information ⓐ 서울 서초구 서초대로264길 50 ⓣ 02-598-7600 ⓗ 화~일요일 10:00-20:00, 월요일 휴무

#1

베이커리에 있는 동안 나는 끊임 없이 오고 가는 사람들을 관찰했다. 직장인처럼 보이는
사람부터 아저씨, 아줌마, 학생들, 아이와 엄마, 혹은 삼삼오오 들어오는 남자 손님들도
상당수였다. 그들은 맛있는 빵집에서 커피만 마시기도 했고, 바게트나 식빵만 잔뜩
사가기도 했다. 슈퍼마켓이 아닌 이곳에서 쿠키를 사가는 학생들도 인상적이었지만
아이와 함께 앙데니와 치즈 바게트를 먹으며 학교에서 받아온 메모장을 봐주는 엄마가
가장 기억에 남는다. 엄마와 아이의 모습은 편안하고 차분해 보였다. 아이는 맛있는 빵에
몰두해 있고 엄마는 메모장을 자세히 읽으며 커피를 마셨다. 동네 사랑방처럼, 혹은
쉼터처럼 '장티크'는 그렇게 존재하고 있었다.

#2

자신이 오래전부터 살던 동네에서 빵집을 차린다는 건 어떤 기분일까? 김장환 베이커는
서초동에서 초등학교와 중학교, 고등학교를 다녔고 현재도 살고 있다. 가족, 친구들과의
추억이 곳곳에 많이 남아 있고 동네의 변화와 함께 성장했다고 해도 과언이 아니다.
그는 오래전부터 자신의 추억이 가장 많이 스며든 장소에서 베이커리를 열고 싶었단다.
장단점이 있겠지만 분명한 건 김장환 베이커의 오랜 꿈이 실현되었다는 점이 아닐까?
어디에서 시작하고 어디로 가야 할지 막막한 사람들과 그의 출발점은 달랐을 테니
말이다. 그가 바란 대로 동네에서 사랑받는 베이커리로 오래오래 기억되길 바란다.

#3

주말에는 품절되는 속도가 평일의 배가 넘는다. 앙데니의 인기는 여전하지만 바게트와
치아바타, 식빵 등 식사빵 위주의 빵들의 팔려나가는 기세가 만만치 않아 보였다. 오후
4시가 넘으면 사고 싶은 빵을 살 수 없을 정도로 비어 있는 플레이트가 많아 전화로
확인이 필요해 보였을 정도.

일본에서 공부할 당시 김장환 베이커는 밀가루의 종류가 굉장히 많다는 사실에 놀랐다.
서서히 다양한 밀가루가 수입되고 있는 상황이긴 하지만 한국 제빵사들의 니즈에 비하면
턱없이 부족하다. 이런 현실에서 그가 선택한 방법은 여러 가지 밀가루들을 섞어 만드는
'블렌딩blending' 전략. 원하는 결과를 위해 각 밀가루의 특징을 파악하고 수차례의 실험을
통해 최적의 비율을 찾아내는 것이다. 그에게 시간과 시행착오는 최고를 위한 과정일 뿐이다.

소보로 브라우니

분량   9개

재료   **소보로** – 박력분 50g / 아몬드파우더 50g / 설탕 50g / 소금 2g / 차가운 버터 50g

　　　　브라우니 – 다크 커버춰 초콜릿 300g / 버터 225g / 달걀 225g / 설탕 200g / 박력분 65g /
　　　　아몬드파우더 10g / 호두분태 50g

① 소보로 재료들을 믹싱볼에 모두 넣고 손으로 버터를 부수는
　 느낌으로 가볍게 재료들을 비벼 주어 소보로를 만든 다음,
　 냉장실에 보관한다.

② 커버춰 초콜릿과 버터를 중탕으로 녹이고, 달걀을 골고루 풀
　 어 믹싱볼에 천천히 부어가며 재료들이 분리되지 않을 때까
　 지 잘 섞는다.

③ 박력분과 아몬드파우더를 체에 걸러 ②에 넣고 가루가 안 보
일 정도로만 가볍게 혼합한다. 브라우니 틀에 호두분태를
골고루 흩트리고 모두 붓는다.

④ 그 위에 소보로를 뿌린다.

⑤ 180도로 예열된 오븐에 25
~30분 정도 굽고, 완전히
식으면 9등분하여 자른다.

1 냉장실에 소보로를 보관하는 동안 브라우니를 구울 틀에 유산지를
  넣어 준비한다.
2 버터를 이용해 만드는 소보로는 차가운 상태를 유지해야 질감이
  바삭거린다.
3 브라우니 반죽을 만들 때는 벽면과 바닥에 있는 반죽까지 골고루
  긁어 전체적으로 섞이도록 한다.
4 브라우니 반죽을 무겁고 쫀득쫀득한 퍼지fudge 느낌으로 만들고 싶으
  면 스패출라로 휘젓고 가벼운 식감을 원한다면 거품기를 이용한다.
5 틀에 브라우니 반죽을 넣은 다음에는 골고루 퍼뜨리고 공기층을
  없애기 위해 바닥에 탁탁 내리친다.
6 굽기 전 소보루를 뿌릴 때는 위부터 흩트리지 말고 밖에서부터 안
  을 채워가도록 해야 균등하게 덮을 수 있다.

(J)

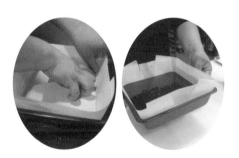

초코 다쿠와즈 샌드

분량 12개
재료 **가나슈 필링** – 생크림 140g / 물엿 25g / 다크 커버춰 초콜릿 200g / 버터 70g
     다쿠아즈 – 박력분 7g / 아몬드파우더 150g / 슈거파우더 100g / 코코아파우더 43g /
     달걀 흰자 200g / 설탕 200g / 슈거파우더 적당량

Ⓙ

① 가나슈 필링을 만들기 위해, 냄비에 생크림과 물엿을 넣고 약불에서 가열한다.
② 살짝 끓어오르면 바로 불을 끄고 초콜릿과 버터를 넣고 다 녹을 때까지 저어준 다음 랩을 씌우고 냉장실에 보관한다.
③ 큰 믹싱볼에 다쿠와즈 재료들 중 달걀 흰자와 설탕을 제외한 모든 재료를 넣고 혼합한다.

④ 믹서기에 흰자와 설탕을 넣고 거품기를 이용해 머랭을 만든다.
⑤ 머랭과 가루 재료들을 가볍게 섞는다.
⑥ 짤주머니에 반죽을 담는다.

⑦ 　베이킹 팬에 반죽을 짜고 슈거파우더를 위에 적당량 뿌린다.

⑧ 　180도로 예열된 오븐에서 약 15분간 굽고 식힌다.

(J)

⑨ 　완전히 식은 다쿠아즈에 가나슈 필링을 짜서 샌딩한다.

Tips

1 　초콜릿을 녹일 때, 마지막에 도깨비방망이
　로 1분간 휘저어주면 공기층이 많이 생겨
　더 쫀득거리고 부드러운 맛을 낼 수 있다.

2 　다쿠아즈를 만들 때 흰자는 반드시 차갑게
　사용해야 하며 고속으로 돌려 (머랭이 흘러
　내리지 않는) 스티프stiff한 상태까지 올려준
　다. 이때 설탕은 2회로 나눠 넣는다.

3 　적당한 크기의 원형 틀이 있다면 밀가루를
　묻혀 팬에 찍어 놓고 머랭을 짜면 훨씬 수
　월하다.

재료   버터 100g / 설탕 100g / 달걀 50g / 박력분 150g / 베이킹파우더 3g / 코코넛파우더 75g / 호두 75g /
       슈거파우더 적당량

① 패들paddle을 이용해 믹서기에 버터와 설탕을 넣고 포마드● 상태가 될 때까지 돌린다.
② 돌아가는 상태에서 달걀을 세 번으로 나눠 붓는다.
③ 슈거파우더를 제외한 나머지 재료들을 모두 넣고 저속으로 계속 돌려준다.

(J)

④ 냉장실에서 1시간 정도 휴지시킨 다음, 10g씩 분할해 철판에 둥글리기 한다.
⑤ 180도로 예열된 오븐에서 170도로 온도를 맞추고 약 15분간 굽는다.
⑥ 어느 정도 식으면 슈거파우더에 굴린 다음 톡톡 털어 완성한다.

● : 포마드 상태는 대략 마요네즈 같은 느낌의 페이스트 상태를 말한다.

매콤 치즈 바게트

분량   3개

재료   **풀리쉬** – T55 175g / 물 175g / 몰트 엑스트랙트 1g / 드라이이스트 1g

　　　바게트 – 유기농 강력분 100g / 우리밀 100g / 유기농 중력분 125g / 소금 9g / 조청 3g /

　　　건포도액종[●] 100ml / 쌀뜨물 113ml / 매운 고추 절임 50g / 롤치즈 90g

● : 건포도를 씻어내고 건포도가 잠길 만큼 물을 부은 다음 하루에 한 번씩 저어주며 일주일 동안 숙성한다.

(J)

① 풀리시 반죽 재료를 믹싱볼에 넣고 섞어준 다음, 실온에서 약 90분 동안 발효시킨 후 냉장실 (4℃)에서 18시간 이상 저온 숙성한다.

② ①과 함께 바게트 반죽 재료를 믹서기에 넣고 골고루 섞어준다.

③ 실온에서 ②를 약 90분 동안 발효시키고, 절임 고추를 넣어 잘 섞이도록 주먹으로 살짝 펀치 를 준 다음, 냉장실(4℃)에서 12시간 이상 숙성한다.

④ 저온 숙성된 ③을 315g씩 분할한 뒤, 손으로 살살 밀어 길쭉한 모양으로 둥글리기 한다.

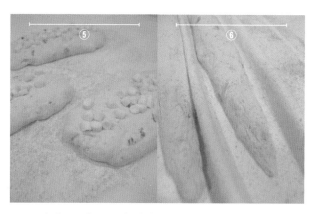

⑤ 30분 후, 롤치즈 30g을 각각 넣고 바게트 모양으로 성형한다.
⑥ 표면이 마르지 않게 바게트 천 위에 봉합한 면이 위로 오도
   록 한 다음 40~60분가량 발효시킨다.

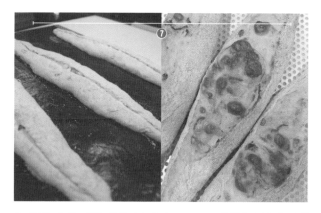

⑦ 반죽이 두 배로 부풀어오르면 260도로 예열한 오븐에 바게
   트를 넣고 스팀을 준 후, 오븐 온도를 240도로 내려 20분가
   량 더 굽는다.

Tips

1 풀리쉬 반죽 재료 중 몰트가 없으면 조청으로 대체할 수 있다.
2 반죽을 믹서기에서 치댈 때, 저속에서 약 3분 돌린 뒤 중속에서
   약 5분 정도 더 돌린다.
3 매운 고추 절임이 없으면 할라피뇨로 대체해도 좋다.

페이드 바이
베이커

made by
BAKER

루엘드파리

02

루엘드파리

Baker 문준필

"참을 수 없는 크루아상의 맛"
"로컬의 니즈를 이해하고 충족하는 베이커리"
"부부 베이커리의 좋은 예"

몇 년 전인가. TV에서 우연히 크루아상 전문 베이커리를 보고 나서 당장 달려가고 싶은 마음이 굴뚝 같았지만 방송에 나왔다면 분명 소문 듣고 찾아가는 사람들이 수두룩할 듯하여 한동안 참아야 했다. 시간이 흘러 어느 겨울밤, 문 닫는 시간이 오후 6시라고 하기에 5시 조금 넘어 작정하고 찾아갔더니 이럴 수가! 이미 매진되어 문이 굳게 닫혀 있었다. 불은 꺼져 있었고 누군가 내부를 청소하는 모습이 어렴풋이 보였다. 일부러 찾아간 시간도 아깝고 그냥 돌아가기 너무 아쉬워 문을 두드리려 했으나, 영업 종료인 상태의 매장에 불쑥 들어가기가 머뭇거려져 발길을 돌렸다. 그곳이 바로, 이제는 연희동이 아닌 서초동으로 옮겨 그 명성에 빛을 더해가고 있는 곳, '루엘드파리'다.

Y.

—————

Baker

'루엘드파리'를 이끌어가는 문준필, 김영희 베이커. 호주 시드니에서 만나 부부가 된 이들은 어떤 의미에서 업계 선후배이기도 하다. 도예를 전공한 김영희 베이커는 시드니 '르 꼬르동 블루'에서 입문했고, 문준필 베이커는 고등학교 시절 조리과에 입학해 외식 업계 진출을 오래전부터 꿈꾸고 있었다. 나중에 제빵으로 관심을 틀어 진로를 바꾼 후 호주에 가기 전까지 그는 현장에서 일하던 성실하고 숙련된 베이커였다. 그럼에도 그는 아내의 아이디어와 손재주가 자신보다 뛰어나며 모든 아이템의 최종 결정자는 아내라고 설명한다. 아내를 전적으로 믿고 신뢰하는 모습이 무척이나 보기 좋았는데, 어쩌면 부부가 함께 일을 하는 작업장에서 필요한 원칙인 역할 분담이 제대로 이뤄질 수 있는 현명한 판단이 아닐까 싶었다.

언급한 대로 문준필 베이커는 베이커리 필드에서만 활동한 지 10년이 훌쩍 넘은 베테랑. 새벽부터 저녁까지 쉴 새 없이 일했고, 직업에 대해 자부심을 갖고 열심히 살아왔다. 그런 그에게 문득 슬럼프가 찾아오고 말았다. 여기저기 몸도 아프고 여유 없는 생활에 점점 지쳐가던 일상. 미래에 대한 불안까지 엄습하던 중 그는 호주 시드니행을 결심했다. 불투명한 현실에서 물러나고 싶은 '일종의 도피'였던 그의 도전은 인생의 터닝포인트가 되었다. 게다가 그곳에서 사랑하는 아내 김영희 베이커를 만났으니, 이만하면 슬럼프를 기회로 만든 보기 드문 경우가 아닐는지. 그들은 프랑스에 함께 머물며 오너베이커로서 과연 무엇을 추구하고, 무엇을 감당해야 할지 배웠다. 이렇게 평생의 동반자이자 사업파트너가 된 그들은 한국에서 '루엘드파리'를 운영하고 있다.

한편 그의 운영 철학은 가치관이 맞는 사람과 일하며 그들을 제대로 대접해주는 것이다. 또 빵 산업의 발전을 위해서라면 자신의 노하우가 필요한 이들에게 적극적으로 재능기부를 하겠다는 뜻도 보였다.

　　　　　　　　　　　본래 '파리의 뒷골목'이란 의미를 담은 '루엘드파리'.
서초동으로 이전하면서 지금은 더 이상 동네 골목이 아닌 상업 지역 전면에 드러나 있다.
그럼에도 외형과 내부 구조, 직원 수, 빵의 종류 등이 변경되었을 뿐, 컨셉트 등의 내적인
면면은 달라진 것이 없다. 오히려 부부가 오래도록 빵집을 할 수 있는 자원과 자본이 단단
해져, 그동안 젠트리피케이션gentrification으로 힘들었던 것에 비하면 잘된 일임에 틀림없다.
집과 멀지 않아 출퇴근의 부담도 사라졌다. 또한 주변에 경쟁하는 베이커리가 거의 없고
'크루아상 맛있는 베이커리'란 명성이 널리 알려져 이전보다 한결 나아진 건 분명하다.
하지만 이곳의 주방 크기와 사용하는 재료, 인적자원에 대한 투자 등을 파악하고 나면 팬
으로서 살짝 걱정이 앞선다. 영업적으로 만족할만한 이익을 확보할 수 없는 구조이기 때
문이다. 문준필 베이커는 지금은 투자하는 시기이며 자신만의 이익을 위한 문제가 아니라
고 설명한다. 누군가 '제2의 루엘드파리'를 오픈 한다고 하면 기꺼이 도와줄 마음도 있다.
그 덕분인지 60여 가지의 빵을 생산하는 빵집은 주방 직원만 해도 열 명이 넘고, 모두 문준
필 베이커의 철학을 이해하고 응원하는 사람들이다. 여하간 단순히 이익을 추구하고 홍보
하기에 급급한 베이커리가 아닌 상생과 공유의 가치를 실천하는 그의 마인드를 응원한다.

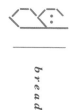

bread

크루아상 아이콘이 그려진 베이커리 간판만으로 이곳이
어떤 제품에 주력하고 있으며, 무슨 아이템이 시그니처인지를 바로 알 수 있다. 크루아상
이 맛있다는 말은 버터가 들어간 반죽으로 만든 크리스피 질감의 빵에 자신 있다는 말이
나 다름없으며, 프렌치 스타일의 빵을 제조한다는 의미와도 일맥상통한다. '루엘드파리'의
빵이 그렇다. 모든 연령대가 좋아하는 단팥빵, 소보로빵 같은 종류의 빵들은 전체적인 이
미지와 다소 이질적이지만 나이 지긋한 손님들을 위한 라인업으로 이해할 수 있다. 진정
한 동네 빵집으로 자리 잡기 위해서 피할 수 없는 선택이었다고.
버터가 많이 들어간 반죽 외에도 담백하고 쫄깃한 반죽으로 만드는 사우어도우 빵, 여러
가지 필링이 들어간 쫄깃한 식감의 빵들을 골고루 진열해 놓았다. 개인적으로는 바게트와
치아바타, 깜빠뉴의 맛이 굉장히 훌륭해서 크루아상을 사러 갈 때도 적잖은 고민을 한다.
테이크아웃으로 판매하는 샌드위치의 반응도 무척 좋다고.

크루아상

평범한 플레인 크루아상보다 아몬드와 초콜릿이 잔뜩 들어간 것을 선호한다. 디저트의 단맛과 빵이 주는 든든함이 좋고 무엇보다 플랫화이트와 몹시 잘 어울린다고 느끼기 때문인데, '루엘드파리' 만큼은 예외. 플레인의 맛이 너무 훌륭하다. 이곳의 크루아상은 황금비율로 맞춰진 잡곡밥을 먹는 기분이랄까? 살짝 짠맛은 초콜릿, 아몬드 크루아상을 더욱 달콤하게 만들고 플레인만 먹어도 단맛이 올라온다. 겹겹이 포개진 작은 공기층을 볼 때마다 정교한 벌집이 떠오르기도. 숙성시킨 풀리쉬 반죽과 섞어 크루아상 반죽을 완성해서인지 '루엘드파리'의 페이스트리 아이템은 모두 최정예다.

파운드케이크

하루 평균 6, 700개가 팔리는 크루아상 외에 '루엘드파리'에서 가장 인기 많은 제품은 파운드케이크다. 많은 양의 버터와 설탕을 넣어 만드는 직사각형의 파운드케이크는 상대적으로 기름지고 단단한 내구성이 특징이지만, 더불어 촉촉한 식감을 자랑하는 아이템이다. '루엘드파리'의 레몬 파운드케이크는 진한 레몬 향 말고도 쫀득거리는 포슬포슬함이 인상적이다. 따뜻한 아메리카노와 조화로운 향미는 두말할 나위 없으며 견고한 밀도를 갖고 있어 기분 좋은 포만감을 제공한다.

Information ⓐ 서울 서초구 서초중앙로16 서초 쌍용플래티넘 112호 ⓣ 02-322-0939 ⓗ 월~토요일 08:00~21:00, 일요일 휴무

Behind Story

#1

장인정신이 깃든 빵집이 파리의 뒷골목에 즐비했던 기억을 응집시켜, 하나를 만들어도
자신만의 기술이 집약된 정직한 빵을 만들기로 한 문준필, 김영희 베이커. 이들의 세심함과
만족스러운 결과물들은 베이커리 홀의 두 배가 훨씬 넘는 넓은 주방에서 이뤄지는
퍼포먼스에서 나오는 게 아닌가 싶다. 파이롤러가 있는 독립된 공간을 비롯해, 각종 크림과
부속 재료를 만들어내는 버너가 놓인 공간도 따로 마련해 생산성을 높였다. 주방이 크면
무엇보다 만드는 사람의 자유로운 사고 영역이 보장되므로 이곳에서 베이킹 수련을 받는다면
행운이라는 단상이 들었다.

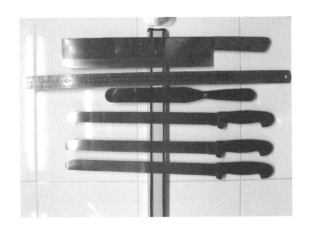

#2

늦은 오후에 방문하면 한바탕 손님들이 지나간 흔적이 역력하다. 원하는 빵이 방문 시각에
없을 것 같으면 전화로 미리 이야기해놓고 사가도 되지만, 저녁에 종종 남아 있는 빵에
도전해보는 일도 사뭇 흥미롭다는 생각이 들었다. 개인적으로는 말차 다쿠아즈와 튀일, 스콘,
보톡스 등이 괜찮았고 샌드위치는 정말 흠잡을 데 없이 아주 맛있었다.

#3

크루아상이 워낙 유명한 빵집이라 가장 많이 팔렸을 때엔 하루 천 개 넘게도 나갔단다. 판매 개수도 어마어마하지만 그만큼을 생산해냈다는 사실이 더 놀랍다. 물론 크루아상을 살 때, 나 역시 세 개는 기본이다. 냉동실에 쟁여놓고 오래도록 먹을 작정으로 한 번에 열 개 넘게 산 적도 있으니까, 그런 식으로 따지면 가능한 일일 수도 있겠다. 그럼에도 하루에 천 개를 만들기 위해 필요한 밀가루와 버터 중량이 얼마나 되는지 쉽게 상상이 가질 않는다. 게다가 다른 빵들도 같이 만들어야 했을 텐데 어떻게 컨트롤했을지 그저 믿기지 않을 뿐.

#4

문준필 베이커는 자신의 멘토가 〈BBLO13빨로13〉의 조태현 베이커라고 소개했다. 오래 전 직장 동료이자 선후배로서 일했던 그를 스스럼없이 스승이라고 부를 정도로 존중하고 신임한다. 나이와 경력을 떠나 서로의 가치관이 비슷하고 배울 점이 많은 사람이라며 칭찬을 아끼지 않았다. 실제로 그들의 베이커리는 크루아상을 중심으로 프렌치 스타일을 추구하고 있고, 손님을 위한 시식용 빵을 푸짐하게 내놓으며 넉넉한 인심을 자랑한다.

분량   8~10개
재료   프랑스밀 300g / 설탕 32g / 소금 10g / 드라이이스트 3g / 버터 44g / 우유 140g /
      풀리시 반죽* 전량 / 충전용 버터 140g

풀리시 반죽*

재료   물 90g / 생이스트 8g / 프랑스밀 60g / 덮개용 프랑스밀 80g

① 물과 이스트를 커다란 볼에 넣고 풀어준다.
② 프랑스밀 60g을 넣어 섞는다.
③ 체에 친 프랑스밀 80g을 덮어 표면에 균열이 생길 때까지 실온에 둔다.

Tips

1. 물의 온도는 미지근하게 조정해 사용한다.

2. 덮개용 밀가루를 평평하게 골고루 덮은 다음 랩을 씌우지 않고 그대로 상온에 둔다. 약 1시간가량 소요된다.
   이때, 밀가루 아래의 반죽과 혼합되지 않도록 주의한다.

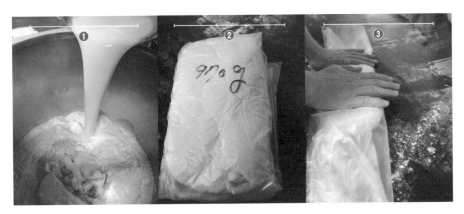

① 풀리시 반죽을 모두 투입한 뒤 훅hook을 끼워 돌린다.
② 970g씩 분할하여 4시간 냉장 보관한다.
③ 살짝 부풀어 오른 반죽의 가스를 완전히 빼고 납작하게 만들어 냉동실에 2시간가량 두어 차갑게 만든다.

④ 충전용 버터를 8mm 두께로 밀어 펴고 반죽의 온도가 15도가 될 때까지 보관한다.
⑤ 냉동실에 보관한 반죽을 꺼내 충전용 버터를 밀어펴기 하여 층이 생기도록 접는다.

⑥ 3절 접기를 4회 반복하는데, 접을 때마다 냉동실에서 4시간의 휴지기를 준다.
⑦ 완성된 반죽을 4mm 두께로 얇게 밀어 평평히 만든 다음 원하는 크기로 자른다.

⑧ 성형한다(51페이지를 참고한다).
⑨ 숙성실에서 결이 보이도록 부풀어 오른 크루아상을 에그워시egg wash 한다.
⑩ 175도에서 노릇하게 될 때까지 14~18분 정도 굽는다.

Tips
1 크루아상 재단할 때 가로 10cm 세로 32cm로 자른다(베이커리 기준).
2 접기를 할 때마다 덧가루를 잘 털어야 오븐에서 층이 붙지 않는다.

크루아상 성형법

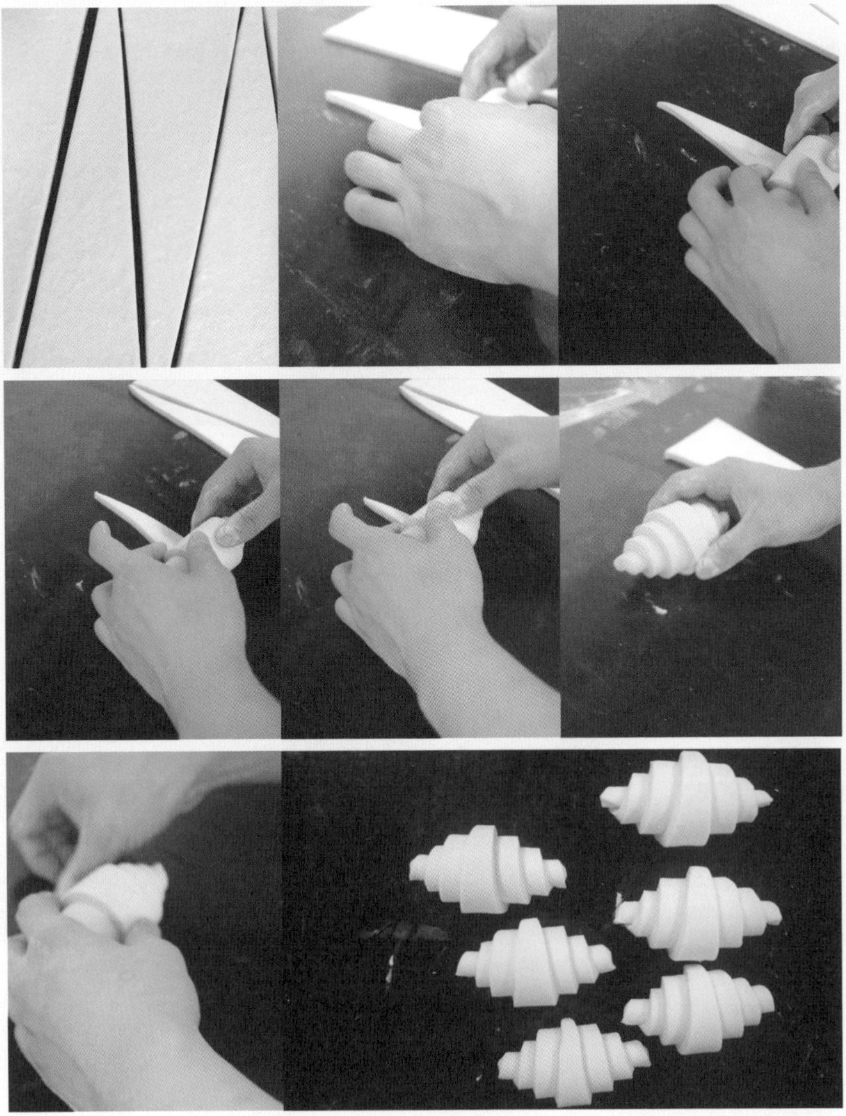

피낭시에

분량 11개
재료 아몬드파우더 70g / 유기농 박력분 75g / 슈거파우더 200g / 베이킹파우더 2g / 태운 버터 115g /
흰자 200g / 트레몰린 20g / 럼 소량

① 아몬드파우더와 유기농 박력분, 베이킹파우더. 슈거파우더를 모두 섞어 두 번 체에 친다.
② 버터가 진한 갈색으로 변하고 헤이즐넛향이 나도록 센불에서 태운다.
③ 태운 버터를 체에 걸러 불순물을 걸러낸다.

④ ①을 넣고 잘 혼합한다.
⑤ 흰자와 트레몰린, 럼을 섞어준다.

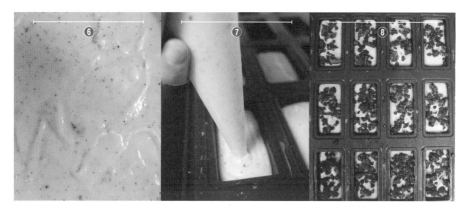

⑥ 모든 재료를 섞어준 후 20시간 숙성시킨다.

⑦ 피낭시에 틀에 80% 팬닝한다.

⑧ 원하는 토핑을 넣고 170도에서 10~12분 정도 굽는다.

Tips
1 버터를 태우는 과정에서 수분이 증발하고 버터의 고형분이 손실된다. 예를 들어, 115g의 태운 버터가 필요하면 10~20% 정도 버터를 더 계량한다
2 숙성시키게 되면 질감이 더욱 상승한다. 숙성 방법은 반죽한 다음 하루, 굽고 나서 최소 하루를 저온에 둔다.
3 블루베리, 산딸기, 무화과, 말차, 복숭아, 곶감, 석류 등 다양한 재료를 넣어 응용할 수 있으며, 사용할 때에는 물기를 제거하도록 한다.

푀 이 라 주 반 죽

재료 유기농 박력분 100g / 유기농 강력분 250g / 소금 6g / 물 150g /
버터 400g / 유기농 강력분 100g / 유기농 박력분 50g / 버터 75g /
식초 10g

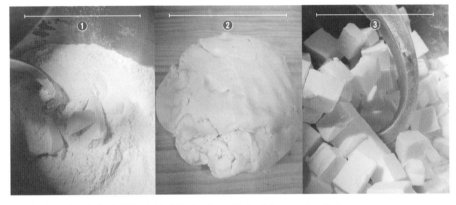

① 유기농 박력분과 강력분, 소금과 물을 넣고 3분간 저속으로 믹싱한다.
② 믹싱볼에서 꺼내어 밀어펴기로 쉽게 모양을 잡기 위해 반죽을 정리하고 비닐로 감싼 뒤, 최 소 4시간가량 휴지기를 준다.
③ 충전용 반죽을 감싸는 버터 반죽은 남은 재료들을 모두 섞어 한 덩어리로 만든다.

④ 버터 반죽 또한 밀어펴기 쉽도록 모양을 만들어 비닐로 감싼 후 최소 4시간 동안 휴지기를 준다

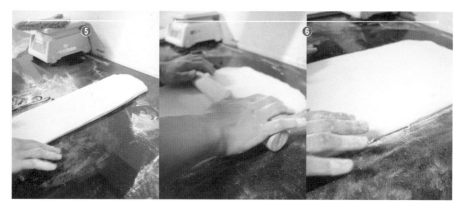

⑤ 휴지가 끝난 충전용 반죽을 먼저 10mm 두께로 밀어준다.

⑥ 버터 반죽은 8mm로 밀어준다.

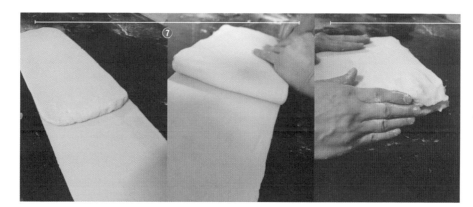

⑦ 버터 반죽 위에 충전용 반죽을 올려놓고 접는다.

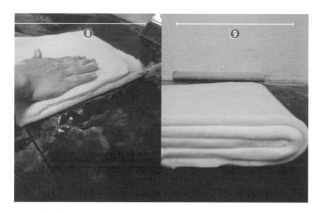

⑧ 접은 후 10mm 두께로 밀어서 편 다음 3절 접기를 실시한다.

⑨ 이 방법으로 총 여섯 번을 접는데, 접을 때마다 두 번을 접어준 다음 5시간 이상 휴지시킨다.

애플파이

분량   애플파이 7개 (가로 13cm×세로 17cm 타원형 틀 사용)
재료   애플파이 충전물* / 푀이타주 반죽 적당량

① 푀이타주 반죽을 재단한다.
② 애플파이 충전물을 넣는다.

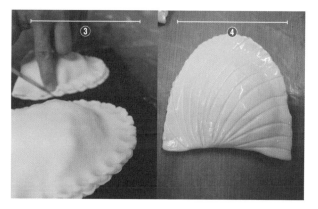

③ 끝을 단단히 누르고 칼집을 내어 모양을 만든다.
④ 185도에서 20분을 먼저 굽고 꺼내어 시럽을 바른 후 다시 5분을 더 굽는다.

Tips
1 사과 3개로 애플파이 충전물*을 만든다. 사과를 적당한 크기로 자르고 냄비나 프라이팬에 버터 50g을 녹여 사과를 살짝 볶는다. 설탕 100g과 계피 20g을 넣어 버무린다.
2 충전물은 미리 만들어 놓고 냉장실에 보관하면 2~3일은 사용할 수 있다. 이때 레몬즙을 살짝 뿌려주면 사과의 갈변을 막고 신선함을 더 오래 유지할 수 있다.
3 시차를 두고 나눠 굽는 이유는 바삭거리는 식감을 더욱 극대화하기 위함이다.

갈
레
트

분량　갈레트 8개 (지름 12cm 원형 틀 사용)
재료　아몬드크림* 352g / 커스터드크림* 165g / 푀이타주 반죽 적당량

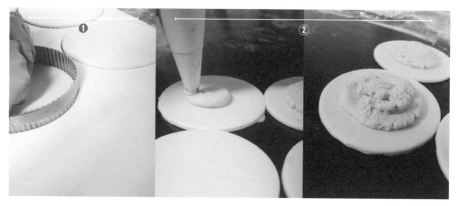

① 푀이타주 반죽을 재단한다(갈레트 개당 두 장이 필요).
② 미리 만들어둔 아몬드크림을 채워 넣는다.

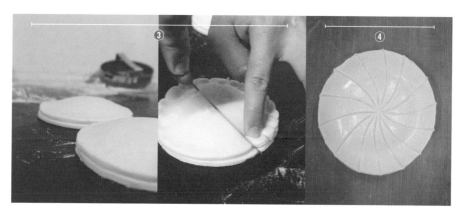

③ 다른 재단 반죽을 덮고 칼집으로 모양을 낸다.
④ 에그워시하고 185도에서 18분 구운 다음 꺼내어 시럽 바른 후 다시 5분을 더 굽는다.

Tips
1. 프로세서에 아몬드파우더 100g, 슈가파우더 100g, 버터 70g, 전분 2g, 달걀 80g을 넣고 갈아 아몬드 크림●을 만든다.
2. 우유 100g을 따뜻하게 데워 노른자 20g, 설탕 25g, 전분 9g을 순서대로 넣고 거품기로 살살 풀어준다. 점성이 생기면 불을 끄고 버터 12g을 넣고 잘 섞은 다음 랩을 씌워 냉장 보관한다. 커스터드크림● 완성이다.
3. 달걀이 들어간 크림 반죽은 오래 두고 사용하지 않는 게 좋다.

세이크 바이
베이커

made by
BAKER

오월의 종

빵을 사랑하고 즐기는 이들이라면 누구나 한번은
방문하는 '오월의 종'. '오월의 종'을 방문한 이들의
얼굴에는 마치 성지순례를 하듯이 두근대는 마음이
고스란히 드러난다. 이태원에 위치해 있어 수많은
외국인 단골들을 보유하고 있고 유명한 베이커들도
인정하는 빵집 중의 빵집. 어쩌면 오너베이커인
정웅 베이커의 인성과 미소 덕분에 더 정이 가고
사랑받는 곳이 아닌가 싶다. 그의 마음이 담긴
빵에는 낯선 사람조차 마음을 놓게 만드는 따뜻함과
진심이 담겨 있다. 그래서인지 '오월의 종'에서는
직설적이고 담백하며 따뜻한 봄날의 감성이
느껴진다.

오 월 의 종

Baker 정웅

"호불호가 없는 베이커리"
"원리원칙의 미니멀리스트 베이커"
"베이커로서의 자부심과 빵에 대한 소명의식"

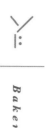

Baker

정웅 베이커를 처음 만난 것은 5년쯤 전. 기자 신분으로 찾아가 인터뷰를 요청했었다. 그때 짧게 이야기 나눈 것을 시작으로 지금까지 인연을 이어오고 있다. 지금도 빵에 관한 이슈와 프로젝트가 생길 때마다 가장 먼저 떠오르는 사람은 정웅 베이커다. 급작스럽게 찾아가도 특유의 미소로 반갑게 맞아주는 그가 언제나 고맙다.

알고 보면 빵집을 내고 싶어 하는 예비 오너 베이커나 빵을 좋아하는 인플루언서들 대부분이 그를 무척 친근하게 여기고 존경하며, 롤모델로 삼고 있다. 됨됨이와 인격으로 평가받는다는 것은 직업이나 타이틀을 떠나 최고의 찬사가 아닐까? 트랜드에 휘둘리지 않고 자신만의 고집과 철학으로 누구도 쉽게 넘볼 수 없는 신뢰를 쌓은 베이커.

이태원에 정착하기 전 그는 일산에서 작은 베이커리를 운영했었다. 노련함과 털털한 여유로움을 보고 으레 젊은 시절부터 빵을 만들었겠거니 했었는데, 놀랍게도 대학에서는 무기재료공학을 전공했으며 ROTC였다고 한다. 치밀함과 뚝심이 공대생의 생리임을 감안하면 베이커의 특징과 그럴싸하게 맞아떨어지는 것도 같다. 여하간 평범한 직장인이었던 그는 별안간 빵을 배워야겠다고 결심했다. 오랜 대화 끝에 아내의 동의를 얻었고, 4년 동안 열심히 빵만 만들었다고.

더욱 아이러니한 점은 빵을 천직으로 삼고 빵과 무척 상성이 좋은 정웅 베이커는 사실 정작 빵을 썩 좋아하지는 않는다고. 만드는 것은 무척 좋아하고 열심이지만, 즐겨 먹지는 않는다고 한다. 다만 빵을 만드는 일을 통해 보람을 찾고 다른 사람들과 소통하며 새로운 에너지를 창출하는 과정이 흥미롭고 무척 즐겁다고 한다.

정웅 베이커와 이야기를 나누고 나면 그의 솔직한 발언들이 뇌리에 오래도록 남는다. 빵을 만드는 일에 모든 것을 걸었다고는 해도, 빵이 인생의 전부이자 목표일 수는 없다. 행복이란 결국 자신의 만족과 일상의 소소한 재미로 이루어진다는 것을 다시 깨닫는다. 소주 한 병과 순댓국 한 그릇, 그리고 담배 한 갑이면 세상 부러울 게 없다며 웃는 그의 소박함과 그림과 책, 음악을 좋아하는 낭만적인 감성이야말로 '오월의 종'이 10년 넘게 포근한 동네 빵집을 넘어 레전드 빵집으로 사랑받는 근원 아닐까?

　　　　　　사실 나는 '오월의 종' 1호점에서 빵을 사본 적이 거의
없다. 첫 방문은 이렇게까지 널리 소개되기 전, 빵 좋아하는 사람들 사이에서 입소문으로
꽤나 알려졌을 무렵이었다. 이태원에 갈 일이 있어 한 번 방문했었는데, 당시 정웅 베이커
는 주방에서 다른 직원들과 작업을 하고 있었다. 빵을 사려고 하니 직접 계산도 해주었다.
내 차례가 되었을 때 지나가는 말로 맛있다는 소문을 듣고 마침내 찾아왔다고 하니, 진열
된 빵 하나를 슬쩍 봉지에 넣어주었다. 한번 맛보라며 씩 웃는 그에게서, 먼 길을 달려온
이에게 건네는 위로와 인심, 고마움을 느꼈다.

그 후로 시간이 지나 언젠가 방송에 나온 뒤로부터는 도저히 빵을 살 수가 없었다. 언제
어느 시간대에 찾아가도 가게는 늘 만원에 인산인해였다. 이른 오후에도 빵이 소진되거
나, 빵이 남아 있다면 줄이 너무 길거나 하는 바람에 아쉬운 마음을 뒤로하고 지나칠 수
밖에 없었다.

그러다 4~5년 전에 한남동 골목에 2호점이 오픈했다. 사실 2호점도 1호점과 크게 다른 상
황은 아니었다. 일을 일찍 마친 평일 오후에 찾아가도, 마음먹고 주말에 찾아가도 빵이 거
의 없었으니 말이다. 그래서 나에게 '오월의 종'은 쉽게 접근할 수 없는 빵집이 되어버리고
말았다. 그나마 요즘은 영등포에 3호점도 생겨서 팬들이 확산 분포된 덕분인지 주말 늦은
오전에 가도 빵을 살 수 있다.

정웅 베이커는 세 곳의 '오월의 종'은 고객의 니즈를 파악해서 구성한 서로 다른 컨셉트를 가진 공간이라고 설명했다. 개인적으로 가장 좋아하는 2호점, 단풍나무점은 다양한 식빵들과 바게트, 치아바타, 호밀빵 등이 주력 상품이다. 무엇보다 가장 인기 높은 크렌베리 바게트와 무화가 바게트는 빨리 가서 집어 들지 않으면 먹기 힘든 명물이다.

　　　　　　　　　　　정웅 베이커가 하루를 시작하는 빵은 '오월의 종'이
오픈할 때부터 만든 '100% 호밀빵'이다. 그의 표현을 빌리면 '일기를 쓰는 것처럼 만드는
빵'이다. 부드럽고 달짝지근하며 촉촉한 빵을 선호하는 한국인의 입맛에는 맞지 않아, 여
전히 잘 팔리지 않는 인기 없는 빵. 따라서 많이 만들지는 않는다. 그래도 계속 만들다 보
니 점점 마니아가 생겨나서 '오월의 종' 하면 떠오르는 빵 중에 하나가 되었다. 정웅 베이
커는 이 빵을 사랑해주는 사람이 있는 것만으로도 감사하다고.

정웅 베이커가 갖고 있는 빵을 대하는 원칙 중 하나는 재료를 탓하지 않는다는 것이다. 어
떤 재료로 빵을 만들기에 이토록 맛있냐고 묻는 이들이 많은데, 정웅 베이커는 마트에서
쉽게 구할 수 있는 재료로 만든다고 대답한다. 그의 빵이 이렇게 맛있는 이유는, 베이커의
진심과 노력이 담겨 있기 때문이 아닐까?

"빵 만드는 일이 갈수록 좋습니다. 하지만 맛을 유지하기란 여간 어려운 일이 아니죠. 오
늘, 어제 만든 빵만큼 만들 수 있을까 하는 고민을 늘 해요. 제게 최고보다는 최선이 가장
중요한 일이니까요."

크랜베리 바게트

'오월의 종'의 시그니처라고 해도 과언이 아닌 크랜베리 바게트. 하나만 살 수 없게 만드는 중독성 강한 빵이다. 일단 먹기 시작하면 멈추기 힘들다. 누가 언제부터 크랜베리 바게트는 '오월의 종'이 최고라고 전파했는지 몰라도 그 말이 틀리지 않았다. 오히려 다른 베이커리에서 크랜베리가 들어간 바게트를 사게 되면 맛의 기준이 되고 만다. 빵 좋아하는 사람들은 너무 맛있어서 "한 조각 더, 한 조각 더" 하고 말지만, 빵에 조예가 깊은 사람들은 다른 의미에서 감탄한다. "이렇게 평범한 재료로 만들었는데 어떻게 이렇게 촉촉할 수 있지?" 하고 의아해한다. 생각해보니 어쩌면 가장 쉽게 구할 수 있는 재료가 가장 신선하기 때문이지 않을까? 자세한 이유는 모르지만 재료에 불평하지 않고 유통기한이 짧은 제품을 쓰는 정웅베이커만의 숙련된 기술과 배합의 결과라고 조심스레 추측해본다.

식빵

내 경우 식빵은 토스트를 위한 재료가 아니다. 아주 드물게 프렌치토스트를 만들어먹긴 하지만 주로 샌드위치나 피자 도우 대용으로 이용하는 편이다. 이런 목적에서 '오월의 종' 식빵은 내가 선택할 수 있는 최선이자 최고다. 튼튼하고 곧은 자태 안에 적당히 단단하고 수분을 머금은 내용물이 숨어 있어 슬라이스 하기에도 수월하고 다른 요리 재료들과도 잘 어울린다. 내가 원하는 큼지막한 크기도 무척 마음에 든다. 무엇보다 '오월의 종'의 강황 식빵은 내가 가장 사랑하는 식빵이라고 감히 말할 수 있다. 이 식빵을 크림에 조린 닭가슴살이나 불고기와 함께 먹으면, 이미 맛있을 거라는 걸 알고 있음에도 불구하고 기대 이상으로 맛이 있어 깜짝 놀라고 만다. 한편 정웅 베이커리 빵집의 식빵은 알게 모르게 기술과 정성이 많이 들어간 빵임에도 불구하고 '데일리 브레드'로 대중화되어 저평가받고 있음을 아쉬워했다.

Information　Ⓐ 서울 용산구 이태원로49길 24　Ⓣ 02-749-9481　Ⓗ 11:00~18:00, 연중무휴

#1

나는 음악을 매우 사랑하지만 치명적인 한계가 있다. 취향에 딱 맞는 비좁은 장르만을 선택적으로 듣고 다양한 음악을 듣지 못한다는 점. 그래서 정웅 베이커를 만나러 갈 때는 기분이 좋아진다. '오월의 종'을 위한 앨범을 챙길 수 있기 때문이다. 대부분 거의 안 듣는 앨범이고 이제는 유행이 다 지나버린 음악이지만, 무척 기뻐하며 받아준다. 단풍나무점에 자리한 빈티지 플레이어로 음악을 들려주기도 하는데, 좋은 음악과 분위기가 어우러져서 마치 음악감상실 같은 분위기를 낸다.

#2

내가 가진 '오월의 종'에 대한 추억은 한남동 뒷골목에 자리한 2호점, 단풍나무점에 대한 것이 대부분이다. 이곳을 편애할 수밖에 없는 이유는 음악이 있고 멋진 그림과 아티스트들의 작품이 여기저기 걸려 있으며, 정웅 베이커가 손수 만든 테이블과 의자가 멋스럽기 때문이다. 또 한쪽 벽은 온통 빵과 관련된 책으로 채워져 있다. 이런 단풍나무점에서 커다란 창문 밖에 앉아 있으면 몸도 마음도 평온해져서, 내가 지금 빵을 사러 온 건지, 휴식을 취하러 온 건지 헷갈릴 정도. 커피가 없어 아쉽지만 다른 카페에서 커피를 사 들고 와도 괜찮다고 하니, 그 마음씨에 또 감탄하게 된다.

#3

최근 3, 4년 이내 많은 빵집이 문을 열었다. 앞으로도 빵집은 계속 생길 것이고 기존의 빵집은 그들과 경쟁 구도에 놓일 수밖에 없다. 정웅 베이커는 전과 달리 대형 프랜차이즈 베이커리에 밀리지 않는 개인 빵집만의 차별화와 신뢰가 생긴 건 고무적이지만, 빵만 팔아서는 이윤을 추구하기가 힘든 경제 구조라고 털어놓았다. 카페도 커피만으로는 사업하기 힘들어 다양한 빵과 디저트 제품을 판매하고 있는 현실과 별반 다르지 않다. 이에 그는 케이크를 파는 빵집이 아닌 빵만 파는 빵집으로 문을 열었고 손님의 취향과 별개로 베이커로서의 의식과 자아가 담긴 빵을 만들고 있다. 더 많은 수익을 위해 이것저것 만들 수 있었으나 실용성과 정체성에 더욱 집중한 결과가 지금의 '오월의 종'을 만들어내지 않았나 생각한다.

기 본 반 죽

분량 반죽 덩어리 4개
재료 강력분 1,600g / 중력분 400g / 소금 40g / 물 1,300g / 몰트 40g /
인스턴트이스트 10g / 자연효모종 200g

① 모든 재료를 골고루 섞는다. 이때, 가루 재료를 먼저 혼합하고 발효종을 넣은 다음 물을 제
외한 액상 재료를 마지막에 넣는다. 물은 반죽 상태를 봐가며 소량씩 첨가한다.

② 액상 재료들이 흘러내리지 않도록 가루 재료에 잘 섞이도록 하면서 조심스레 반죽한다.

③ 바닥에 가루 재료가 보이지 않을 때까지 주무르면서 세게 치댄다.

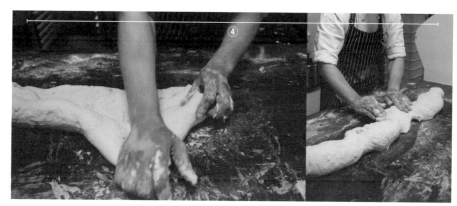

④ 반죽을 컨트롤하기 쉽도록 벤치에 길게 밀어준 다음 손으로 밀어 당기며 글루텐 형성을 생
  성한다.

⑤ 내려치는 동작을 곁들이며 반죽에 탄력과 유연성을 준다.

⑥ 부드러운 질감이 느껴지면 동글리기 한다.

⑦ 1차 발효를 위해 표면을 덮고 24~25도 사이의 온도에서 숙성한다. 반죽 온도는 26도가 이
상적이다.

Tips

1 밀가루 중량 대비 자연효모종은 10~20% 정
   도로 맞추는 것이 전체 반죽의 발효 상태를
   고려할 때 적절하다.

2 밀가루의 수분 흡수율에 따라 기본 반죽에
   필요한 물의 비율이 유동적이므로 성형 형
   태나 식감 차이에 따라 가감한다.

3 빵 반죽을 할 때 많은 양을 한 번에 하면 적
   은 양으로 빵을 만들 때보다 훨씬 유리하다.

4 반죽의 온도를 정확하게 측정하기 위해 제
   빵용 온도계가 있으면 편리하다.

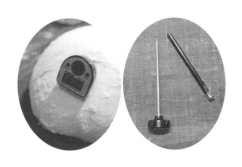

치아바타

분량 약 4개

재료 기본 반죽 1,200g / 올리브오일 80g

① 기본 반죽과 올리브오일을 준비한다.
② 반죽을 평평하게 손으로 펴고 올리브오일을 중앙에 붓는다.
③ 반죽 전체에 기름이 충분히 골고루 흡수되도록 한다.

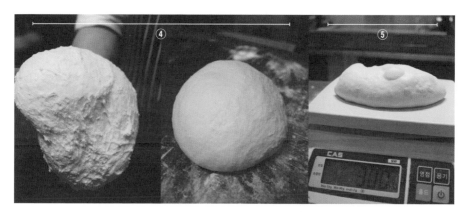

④ 벤치에 밀가루를 뿌리고 반죽의 표면을 매끄러운 상태로 만든다.
⑤ 300g씩 네 등분 하여 벤치타임을 주고, 반죽을 20분 동안 휴지시킨다.

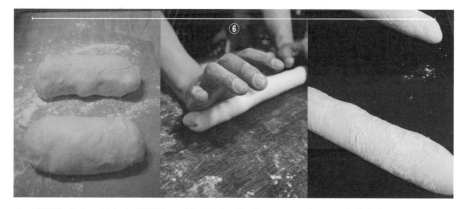

⑥ 길쭉한 막대 모양으로 성형하고 2차 발효(90분, 온도 30℃, 습도 75%)시킨다.
⑦ 230도로 예열된 오븐에 스팀을 주고 12분가량 굽다가 빵 표면이 노릇해지면 꺼낸다.

후가스

분량 약 4개

재료 기본 반죽 800g / 블랙올리브 400g (취향에 따라 조절 가능)

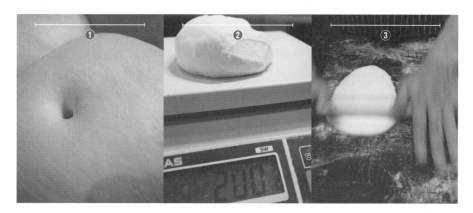

① 기본 반죽의 가스를 빼기 위해 주무른 다음 1차 발효를 위해 약 80분(60분일 때 펀치) 동안 둔다. 이때 반죽의 온도는 30도가 적당하다.
② 200g으로 분할하고 벤치타임을 20분 준다.
③ 밀대로 밀어 타원형으로 반죽을 평평하게 만든다.

④ 블랙올리브를 넣고 밀대로 밀어 단단히 고정하고 스크래퍼로 나뭇잎 모양을 만든다.

⑤ 이 상태로 90분 정도 2차 발효시킨다.
⑥ 230도로 예열된 오븐에 스팀을 주고 15분가량 굽다가 빵 표면이 노릇해지면 꺼낸다.

치즈롤

분량　약 20개
재료　기본 반죽 1,000g / 롤치즈 200g

① 반죽의 온도를 25도로 맞추고 벤치 타임 20분을 준 다음 밀대로 얇게 편다.
② 면이 넓어지면 반죽 가장자리를 제외하고 롤치즈를 골고루 흩트려 반죽을 만다.

③ 위에서 아래 방향으로 돌려 마는데, 손바닥을 이용해 꾹꾹 눌러 고정시킨다.
④ 로그ₗₒg 모양으로 늘려가며 반죽을 길게 늘려 스크래퍼로 4cm의 너비로 분할한다.

⑤ 230도로 예열된 오븐에 스팀을 주고 12분가량 굽다가 빵 표면이 노릇해지면 꺼낸다.

크 림 치 즈 볼

분량 약 8개
재료 기본 반죽 560g / 크림치즈 560g

① 기본 반죽의 가스를 빼기 위해 주무른 다음 1차 발효를 위해 약 80분(60분일 때 펀치) 동안
　둔다. 이때 반죽의 온도는 30도가 적당하다.
② 70g으로 분할하고 개당 크림치즈 70g(혹은 원하는 만큼)을 넣어 성형한다.

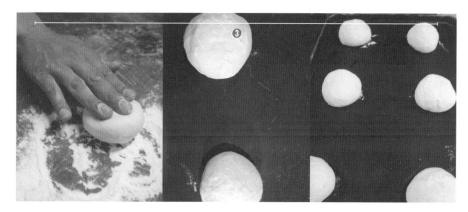

③ 벤치에 밀가루를 뿌리고 동글리기 하여 반죽을 마무리해 90분 정도 2차 발효시킨다.

④ 칼집을 내어 반죽 위를 벌린다.
⑤ 230도로 예열된 오븐에 스팀을 주고 15분가량 굽다가 빵 표면이 노릇해지면 꺼낸다.

메이트 바이
베이커

made by
BAKER

브레드랩

4~5년 전쯤 수도권을 중심으로 유명 빵집의 대표
빵들을 주문할 수 있는 온라인 서비스가 있었다.
당시 최초의 빵 딜리버리 서비스였고 이런 서비스를
기다려온 사람들이 많았던 건지 인기가 제법
높았다. 제품 리스트도 상당히 괜찮아서 좋아하는
빵집들의 빵을 직접 방문하지 않고 먹을 수 있었다.
개인적으로는 '브레드랩'의 우유크림빵을 굉장히
좋아했는데, 상쾌하고 신선한 크림, 쫄깃하고
부드러운 빵의 조화가 마음에 들었다. 작지만
은근히 든든해서 간단한 식사 대용으로도 손색이
없을 정도. 이후 서비스가 갑작스럽게 중단되었고
자연스레 주문이 불가능해졌다. 잊고 있던 와중에
나는 서울로 다시 이사를 왔고, 우연히 생각이
나 빵집의 위치를 알아봤더니 여의도가 아닌
연남동이었다. 기뻐하며 바로 달려갔던 기억이
아직도 생생하다.

브레드랩

Baker 유기헌

"멋진 양옥집에서 맛있는 빵 먹기"
"늦깎이 베이커의 드라마틱한 빵 이야기"
"우유크림빵의 레전드"

Baker

　　　　불혹의 나이가 되면 사람들은 어떤 고민을 할까? 아무리 열심히 일해도 경제력은 나아지지 않고 아이의 학업과 자신의 지원 능력을 한탄하는 신세가 되려나? 아니면 좋아하는 일에 젊음을 바쳐 일한 덕분에 기업의 임원이나 팀장으로 승진했지만 책임감과 스트레스로 괴로워할까? 이도 아니라면 질펀한 세상살이에 휘둘려 더 이상 아무 일도 하고 싶지 않은지. 직장을 그만두고 무얼 할까 방황할 수도 있고, 이제는 뭔가 다른 인생을 살아보고 싶은 들뜬 마음이 들지도 모른다.

유기헌 베이커의 경우, 소위 '잘 나가는' 광고대행사의 PD로 세상의 첨단을 경험했고, 세련되고 개성 강렬한 사람들과 작업하며 누구보다 독창적인 크리에이터로 활동했었다. 그러다 30대 초반 돌연 뇌경색으로 쓰러지면서 인생의 전환점을 맞이했다. 가족의 지극한 정성과 본인의 의지로 건강은 회복되었지만 현실적인 문제들이 놓여 있었다. 그것을 막상 직면하고 받아들이려고 하니 녹록하지 않았고 본의 아니게 방황했다고. 다른 일을 찾아야 했던 그는 예전과는 다른 삶을 살기로 결심, 그 어느 때보다 자신을 위해 살기로 다짐했다.

2000년대 초반, 유기헌 베이커는 지인의 추천과 권유로 한창 붐이 일던 프랜차이즈 커피 사업에 뛰어들었다. 기대 이상으로 수익이 발생하고 사람 사이의 인정을 느끼며 일의 재미에 푹 빠진 그는 광고만이 외길이라 여겼다가 뜻밖의 새로운 길을 찾으며 작은 깨달음을 얻었다. 다른 일도 하며 살 수 있을 거란 희망이었다. 그러나 예기치 못한 시련이 또 한 번 찾아왔다. 지인으로부터 사기를 당해 다시 바닥으로 주저앉게 된 것. 이 시련을 그는 어떻게 통과했을까?

"37살이 되어서야 평생 할 수 있는 일을 찾아야겠다고 생각했어요. 하지만 또 빗나갔죠. 나락에만 있을 수 없으니 뭔가를 배워야겠다고 마음먹고 전 세계에 있는 직업학교를 다 찾아봤어요. 제과제빵이면 해볼 수 있을 것 같아서 숙대 '르 꼬르동 블루'에서 제과를 공부하다가 마흔이 다 되어 일본으로 떠났습니다."

뒤늦게 시작한 베이킹이었기에 누구보다 열심히 배우고 노력했음은 길게 말하지 않아도 짐작할 수 있는 부분. 덕분에 유기현 베이커는 남들과 비교할 수 없는 탁월한 실력과 나름의 노하우를 쌓았다. 물리적인 경력의 길이는 어쩔 수 없지만 소비자가 원하는 것을 명민하게 잡아내는 연륜으로 틈새를 극복했다고 해야 할까? 더군다나 진득함과 신중함을 갖춘 베이커로서 매사에 꼼꼼하고 철저했다. 사족이지만, 한동안 그는 '광고기획자에서 베이커로 변신한 화제의 인물'로 소개되며 많은 스포트라이트를 받은 바 있다.

Bakery

　　유기헌 베이커는 자신만의 콘셉트를 이야기하는 '브레드랩'을 여의도에 오픈했다. 어느 빵집에서나 먹을 수 있는 빵은 만들고 싶지 않았다. 비록 제품 이름이 같을지언정 뭐가 달라도 달라야 한다는 소신대로, 빵 뒤에 '실험실'이란 의미를 가진 랩lab을 넣었다. 이후, 요식업계의 친한 후배들이 연남동을 적극 추천했고, 5년 전쯤 연남동으로 이전하면서 예전의 도시적인 이미지와 다른 편안하고 잔잔한 스타일로 변화를 시도했다. 당시만 해도 연남동의 인기가 놀라울 정도는 아니었기 때문에 사람들이 다소 생소한 장소까지 오려면 나름의 콘텐츠가 있어야 한다고 생각했다. 사실 '다른 길'을 가거나 '있는 길을 보수'만 해도 지극한 정성과 시간이 필요한 법. 왜소한 구멍가게라고 해도 사업은 마라톤 같은 장르이니, 누구라도 '브레드랩'이 궁금하고 가고 싶은 이유를 만들기 위해 그는 투자를 아끼지 않았다. 베이커리는 가정집을 개조했고 방과 거실, 주방, 화장실까지 원래 있던 골격을 흩트리지 않고 인테리어를 했다. 영화나 드라마의 세팅 장소처럼 개별 룸은 독특하고 포근하다. 가장 좋은 점은 베이커리가 2층에 있음으로써 획득한 자연스러운 조망과 이곳만의 여유로움이다. 전체적으로 베이커의 소신과 지향점을 반영한 그의 공간은 의외로 정겹고 따뜻하며 약간의 반전이 있다.

이곳의 메뉴 라인업은 사람들이 광고 크리에이터 출신에게 기대하는 은유적이고 파격적인 느낌이 아니라, 마치 클래식하고 은은한 것을 선호하는 예술작가의 겸손한 작품 같다. 우유크림빵을 비롯한 다양한 크림 필링 빵들이 '브레드랩'의 독보적인 시그니처로 대접받고 있지만 바게트와 치아바타와 같은 담백한 식사빵의 판매량이 서서히 증가하고 있다고.

대략 40가지의 빵을 매일 선보이고 있으며, 상대적으로 많이 알려지지 않았지만 케이크와 티라미수 같은 디저트 종류도 맛있다. 유기헌 베이커의 판매 전략이라면, 계절마다 나오는 재료를 그때그때 넣어 신선함을 유지하고 반응이 저조한 아이템은 빼는 식으로 매장의 라인업을 단순하고 유연하게 움직이는 것. 직원들과 고민을 공유하고 그들의 의견을 듣는 식으로 메뉴를 업그레이드하거나 참신한 아이디어를 반영해 신제품을 만든다. 흐르는 물이 깨끗하듯 베이커의 생각이 흐르는 '브레드랩'이다.

우유크림빵

시그니처가 확고하고 원조임이 분명한 것만으로 베이커리의 존재 이유와 정체성
은 확립된 것이나 다름없다. 우유크림빵의 인기는 변함없이 또렷하고 '브레드랩'
에 처음 오는 사람이라면 꼭 먹고 싶은 아이템이니까. 나 역시 다르지 않다. 연남
동에 볼일이 있으면 언제나 이곳에 들러 내 것과 조카의 것을 산다. 저녁에 가면
없는 경우가 빈번하기 때문에 주로 주말 오전에 가는 편인데, 바닐라빈의 알갱이
가 보일 만큼 재료를 아끼지 않은 크림에 나도 모르게 탄성이 나온다. 고소하고
진한 바닐라 특유의 향이 주는 위안은 초콜릿보다 순진하다.

할라페뇨 치아바타

내가 두 번째로 좋아하는 할라페뇨가 들어간 치아바타. 보통 치아바타를 사면 샌
드위치를 만들어 먹지만 이 빵은 사자마자 바로 뜯어 먹는다. 매운 것을 잘 먹지
못하지만 톡 쏘는 매콤함과 짭조름한 맛이 올리브 가득 머금은 치아바타와 경이
로운 조화를 이룬다. 여분을 살 때면 집에서 불고기 양념 된 고기와 치즈를 넣어
먹는데, 이 맛이 또 황홀하다. 물론 올리브오일에 찍어 먹어도 더할 나위 없다.
다른 빵집에서 쉽게 찾을 수 없는 빵이라 더더욱 아끼게 되는 할라페뇨 치아바
타. 앞으로도 '브레드랩'의 색다른 치아바타 시리즈가 나오길 기대해본다.

#1

레시피 촬영을 하기로 한 날. 나는 당연히 유기헌 베이커의 주도로 진행되리라 예상했지만 팀으로 돌아가는 작업이니만큼 그는 유기적으로 돌아가는 주방의 모습을 보여주려고 했다. 그의 의도를 제대로 파악하지 못해 처음에는 다소 당황했다가 반나절을 꼬박 그들과 함께 만드는 과정을 지켜보니 무슨 뜻인지 알 수 있었다. 사장과 직원의 개념을 떠나 전체를 고려해야 하는 공동체의 미덕이 느껴지기도 했다. 여하간 촬영은 다른 주방 직원들의 수고와 밝은 미소 덕분에 잘 마무리되었다.

#2

Information Ⓐ 서울 마포구 동교로 267 ☎ 02-337-0501 ⏱ 10:00-22:00, 연중무휴

지극히 사적이지만, '브레드랩'에 가면 마치 어린 시절 큰집에 놀러 가는 기분이 든다. 이곳처럼 커다란 2층 양옥집이었고 정원도 있었는데, 무엇보다 가난했던 시절, 먹을 것도 많고 넓은 소파와 텔레비전, 고급 오디오가 있던 큰집이 나는 정말 좋았다. 갈 때마다 푸짐한 식사와 따뜻한 미소로 반겨주셨던 큰엄마도 좋았다. 오래된 나뭇결과 지붕의 모양, 작은 돌이 박힌 시멘트와 나무문, 베란다의 모양 등이 추억을 소환하고 그 시절의 기억을 떠올리게 만든다. 그래서인지 '브레드랩'에 가면 오래 머무르고 싶은 마음이 들곤 한다.

#3

유기헌 베이커가 꿈꾸는 이상적인 삶은 강원도 산자락에 터를 잡아 혼자 운영할 수 있는 빵집을 짓고, 혼자 빵을 만들며 하루를 시작하고 손님들에게 팔고 시간이 되면 가게 문을 닫는 것이라고. 단순하며 규칙적인 패턴으로 빵을 굽고 손님과 직접 이야기를 나누는 일상이 행복할 것 같다고 말했다. 사람과 부대끼지 않으며 복잡한 일들에 얽히지 않고 베이커로서의 소박한 행복을 누리며 일하는 모습을 막상 상상해보니, 왠지 광고의 한 장면이어도 좋겠다는 생각이 어렴풋이 들기도.

제주 당근 머핀

분량   10개

재료   버터 120g / 크림치즈 80g / 설탕 200g / 소금 5g / 전란 200g / 중력분 180g / 강력분 200g /
        아몬드파우더 24g / 탈지분유 8g / 베이킹파우더 4g / 곱게 간 당근 200g / 트리플섹 시럽 20g

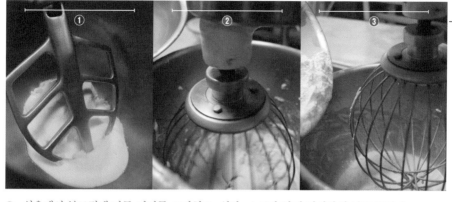

① 실온에서 부드럽게 만든 버터를 크림치즈, 설탕, 소금과 함께 믹싱볼에 넣고 돌린다.
② 재료가 골고루 모두 섞이면 전란을 조금씩 부어가며 혼합한다. 이때, 비터beater에서 휘퍼whipper로 교체한다.
③ 가루 재료를 한데 모아 체에 친 다음, 믹싱의 속도를 느리게 한 상태에서 천천히 붓는다.

④ 재료들이 잘 혼합되었으면 트리플섹 시럽과 섞어놓은 당근을 반죽에 넣고 돌린다.
⑤ 머핀 종이를 넣은 포일에 짤주머니로 높이의 80% 정도까지 올라오도록 짜준다.
⑥ 180도로 예열한 오븐에서 30분 정도 굽는데, 표면을 봐가며 취향에 따라 조금 더 구울지 꺼 낼지 결정한다.

Tips

1 당근을 곱게 갈아 이용해도 되지만 착즙하고 남은 찌꺼기로도 만들 수 있다.
2 만들기 전, 당근과 트리플섹 시럽을 미리 섞어 놓도록 한다.
3 굉장히 부드러운 상태의 버터를 믹서에 넣는다면 패들보다 위스크를 사용한다.
4 전란을 부을 때, 노른자 … 흰자의 순서로 부어야 분리되지 않는다.
5 지름 8cm의 알루미늄 머핀 틀로 만들면 15~6개 정도의 분량이 나온다.
6 반죽을 채운 다음 벤치에 2~3회 내려쳐 공기를 빼준다.

블랙 올리브 잼

분량   4개(160ml짜리 유리병)
재료   블랙올리브 75g / 럼주 30g / 우유 500ml / 생크림 500ml / 설탕 175g / 바닐라빈 1개

① 블랙올리브를 다져서 럼과 함께 잘 섞어 볼에 넣은 뒤 랩으로 씌워 놓는다.
② 동copper 볼에 남은 액체 재료를 넣고 센 불에서 끓인다.
③ 초반에는 가끔씩 저어주다가 살짝 끓어오르기 시작하면 중간 불로 바꾸고 타지 않도록 주의
   한다.

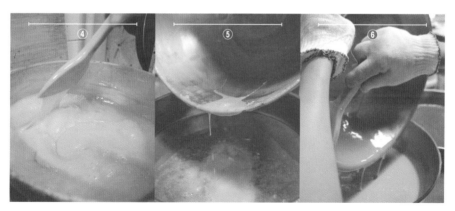

④ 색이 점점 진해지면 다시 센 불로 바꾸고 주걱으로 끈적해질 때까지 자주 휘젓는다.
⑤ 충분히 끈적해졌다 싶으면 불을 끄고 체에 거른다. 혹시 탔을지 모르는 알갱이를 제거하기
   위해서다.
⑥ 곱게 걸러낸 크림을 다시 코퍼에 넣는다.

⑦ 럼에 절여 놓은 올리브도 함께 넣어 5분 정도 더 끓인다. 이 때는 쉬지 않고 계속 저어줘야 한다.

⑧ 소독해놓은 병에 가득 차도록 천천히 부어준 다음 뚜껑을 닫고 뒤집어 놓는다.

Tips

---

1 잼 만들기 전 미리 유리병을 소독해 놓는다. 병을 깨끗하게 씻고 뒤집은 상태로 예열한 오븐에 넣고 물기를 제거한다.

2 올리브잼 뚜껑을 일단 개봉한 다음에는 반드시 냉장 보관해야 하며 한 달 정도는 유효하다.

3 동볼이 없으면 일반 소스팬을 이용해도 좋다.

4 바닐라빈이 없으면 바닐라 엑스트랙트로 대체할 수 있다.

5 주걱은 반드시 일반 실리콘이 아닌 두꺼운 실리콘으로 만든 주걱을 사용해야 한다.

쫄깃 버터롤

분량 28개
재료 강력분 375g / 타피오카파우더 150g / 설탕 50g / 소금 8g / 버터 100g / 생이스트 15g
    우유 194g / 물 12g / 물엿 20g / 달걀 125g

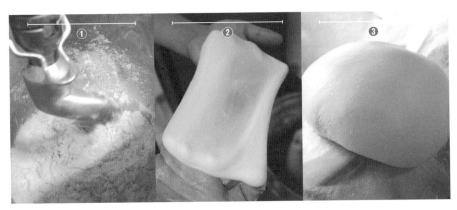

① 가루 재료와 액체 재료들을 모두 믹서에 넣고 1단으로 놓고 천천히 돌린다. 전체적으로 골고
  루 섞인 것 같으면 2단으로 올려 약 15분가량 더 돌린다.

② 반죽이 덩어리로 뭉치고 서로 힘있게 치대는 소리가 나면 원하는 글루텐이 형성되었는지 확
  인해야 한다.

③ 믹싱볼에서 꺼낸 다음, 표면이 매끈한 덩어리가 되도록 둥글리기 하고 랩을 씌운 뒤, 실온
  (28~30도)에서 반죽이 약 2배로 커질 때까지 30분가량 1차 발효한다.

④ 부푼 반죽을 가볍게 손으로 두드려 가스를 빼고 40g씩 분할해 둥글리기 한다.

⑤ 철판 위에 반죽들을 얹고 면보나 비닐을 씌운 다음, 10~15분 정도 중간발효한다.

⑥ 손으로 길게 잡아 늘여 긴 깔때기 모양을 만든 다음, 동그랗게 말아 성형한다.

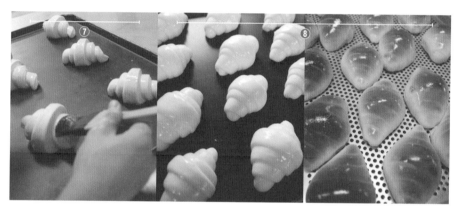

⑦ 면보나 비닐을 덮어주고 40분 정도 실온에서 2차 발효 한 뒤, 조심스레 이지글레이즈를 바르거나 에그워시한다.

⑧ 230도 오븐에서 5분간 굽거나 표면이 갈색이 되면 꺼낸다.

Tips

---

1 타피오카파우더가 없으면 전분으로 대체한다. 전분도 없으면 강력분을 사용해도 좋지만 대신 쫄깃함은 사라진다.

2 재료를 넣고 믹서를 돌리는 중간중간 멈추고 덧가루를 뿌려, 믹서기 벽면에 붙은 반죽들을 떼내어 반죽과 합친다.

3 밀대로 밀 때, 밀대의 굵기가 얇으면 컨트롤하기 쉽다.

4 에그워시를 만들 때, 달걀에 물 대신 우유를 넣는다.

티라미수

분량   5개 (지름 8cm의 레미켄)
재료   마스카포네치즈 250g / 사워크림 50g / 우유 50g / 달걀 노른자 40g / 설탕 32g
      이탈리안 머랭 재료 – 흰자 70g / 설탕 140g / 물 적당량 / 생크림 370g / 코코아파우더 적당량

① 마스카포네치즈와 사워크림을 함께 거품기로 풀어놓는다.
② 우유는 살짝 기포가 올라올 정도로 끓인다.

③ 동copper 볼에 노른자와 설탕을 넣고, 데운 우유를 추가한다. 이때, 실리콘 주걱으로 바닥이
   타지 않도록 쉼 없이 긁어주듯 저어준다.
④ 주걱으로 바닥을 긁었을 때 매끈하게 나타나면 완성된 것이고, 이를 ①에 3회로 나누어 넣으
   며 거품기로 잘 섞는다.

⑤ 이탈리안 머랭을 만들어야 하는데, 우선 설탕(140g)을 볼에 넣고 살짝 잠길 정도로 물을 채운 뒤, 110~120도까지 끓인다. 이때, 가장자리가 타지 않도록 브러쉬에 물을 묻혀 볼 가장자리를 발라가며 해야 한다. 표면에 기포가 올라오면 완성이다.

⑥ 믹서기에 흰자를 올려 어느 정도 질감이 형성되면, 끓여놓은 설탕을 조금씩 흘려가며 돌린다.

⑦ 완성된 머랭을 ④에 3회로 나눠 넣고 거품기로 섞는다.

⑧ 생크림을 믹서에서 2단으로 올려준 뒤, 크림이 올라오면 1단으로 내려 큰 기포들을 정리해준다.

⑨ 생크림을 ⑦의 믹스에 3회로 나눠 넣고, 주걱으로 잘 저어 섞어준다.

⑩ 에스프레소에 적신 스펀지 케이크를 깔아 놓은 레미켄에 ⑨를 가득 넣고 윗면을 평평하게
　 정리한 후 냉장실에 둔다.

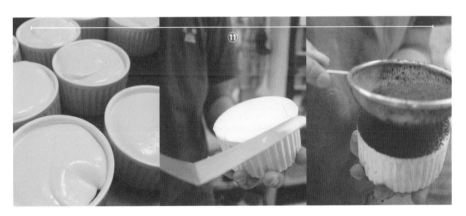

⑪ 단단해진 ⑩에 분당을 살짝 뿌려주고 그 위에 코코아파우더를 뿌려준다.

Tips
1　사워크림이 없으면 플레인요거트로 대체할 수 있다.
2　취향에 따라 케이크 스펀지를 올리지 않고 크림으로만 먹어도 좋고 쿠키를 갈아 넣을 수도 있다.

메이드 바이
메이커

made by
BAKER

스퀘어 이미

스퀘어 이미

Patissier 이승림

"행복을 테이크아웃 해주는 파운드케이크"
"버터와 밀가루, 달걀과 설탕의 묵직하고 완벽한 4중주"
"어쩜, 까눌레와 비스코티도 취향저격"

누구에게나 '케이크' 하면 떠오르는 이미지가
있다. 좋아하는 케이크에 따라 느낌은
각양각색이겠지만, 내 경우엔 버터크림케이크,
무스케이크, 생크림케이크, 시폰케이크 그리고
파운드케이크처럼 종류에 따라 조금씩 다르다.
가장 좋아하는 케이크를 묻는 것보다 차라리 어느
빵집의 어떤 케이크를 좋아하는지를 물어봐야
쉽게 대답할 수 있을 것 같다. 한때는 '1일 1디저트'
생활이 인생의 낙으로, 호주 멜버른에 있는 디저트
카페와 마트에서 파는 케이크를 두루 섭렵하느라
정신이 없었다. 한국에서 볼 수 없던 케이크들이
즐비해 눈이 휘둥그레졌던 시절이랄까. 그중에서
파운드케이크의 발견은 무척이나 새로웠는데.
어느 카페를 가든 바나나 파운드케이크가 없는
곳이 드물었고, 우유와 함께 먹어야 했던 한국
파운드케이크의 퍽퍽함은 찾을 수 없어서 적잖이
놀랐다. 크기도 두 배는 되고 함유된 재료의 종류에
따라 파운드케이크의 질감이 어찌나 촉촉하고
부드럽던지. 한국 사람들에게 파운드케이크는
단팥빵이나 식빵처럼 매일 먹는 빵도 아니고,
기념일마다 챙기는 케이크도 아니다. 그럼에도
파운드케이크 마니아들은 존재하며 나 역시 그들 중
한 명이다.

어눌하고 서툴던 나의 첫 번째 책『2+1 딜리셔스 라이프』가 맺어준 인연에 대한 감사함은 이루 다 말할 수 없다. 백방으로 수소문하고 어렵게 설득하여 2인이 운영하는 베이커리와 카페만 찾아다녔던 3년 전, 형제가 운영하는 카페 '이미'를 섭외했고, 그때 처음 이승림 파티시에를 만났다. 사실 인터뷰 이전부터 카페를 자주 방문했었고, 종종 카페 한쪽에 마련된 작업실에서 뭔가를 만들던 그를 보곤 했다. '이미'의 디저트가 상당히 인상적이어서 인터뷰에서 관련 질문을 던졌다가 카페와 멀지 않은 곳에 작업실이 있으며, 그곳에서 디저트를 만든다는 것을 알았다. 이후, 2년 정도 흘렀나 보다. 두 번째 책으로 이승림 파티시에와 다시 마주했다. 이번엔 형의 카페가 아닌 '스퀘어이미'에서 그만의 이야기를 들을 수 있었다.

졸업과 동시에 학부 전공과 다른 길을 가기로 결정한 이승림 파티시에는 사설 학원에서 제과제빵을 배웠으며, 일본에서 보다 숙련된 기술과 경험을 쌓기로 했다. 일본어를 배우고 자신의 미래에 투자한 그는 마침내 도쿄로 날아갔고, 한국인이 선호하는 동경제과학교가 아닌 '일본과자전문학교'에 입학했다. 그곳을 선택한 남다른 이유가 있는지 묻자, 비등한 수준의 명성에 비해 학비가 상대적으로 저렴했고 무엇보다 현역에서 활동하는 일본 제과제빵 기술자로부터 강의를 들을 수 있었기 때문이었다고 설명했다. 그들의 생생한 노하우와 철학을 배울 수 있었고, 90%의 실습으로 이뤄진 커리큘럼도 마음에 들었다고.

결과는 상당히 만족스러웠단다. 그러나 2011년 동일본 대지진이 발생하면서 그는 4년간의 일본 생활을 접고 한국으로 돌아왔다. 막막한 그에게 손을 내민 사람은 다름 아닌 그의 형. 이렇게 해서 커피를 공부한 형과 디저트를 공부한 동생의 협업이 시작되었고, 2013년 이승림 파티시에는 파운드케이크를 전문으로 하는 카페를 오픈했다. 남들 다하는 평범한 디저트가 아닌 새로운 디저트 트렌드를 선도하고 싶었고 구움과자를 유난히 좋아해 이를 특화하는 카페를 구상했다고. 물론 그의 세심한 인디비주얼individual 디저트 아이템은 카페 '이미'에서 언제나 만날 수 있다.

Patisserie

　　3~4년 전만 해도 홍대입구에서 연남동으로 이어지는 길목에 위치한 디저트숍 '스퀘어이미' 주변에는 상권이 형성되지 않아 거리가 적막했다. 지금은 카페들이 제법 들어왔고 그로 인해 사람들이 골목으로 유입되면서 예전보다 노출되는 빈도가 확실히 높아졌지만, 파운드케이크의 인기는 아직 대중화되지 못했다. 오히려 유행이 좀 지난 것처럼 느껴지는 마카롱이나 컵케이크는 여전히 성업 중이다. 다양성 차원에서 보면, 대중의 편애하는 경향이 짙고 디저트의 스펙트럼을 넓히는 일에 큰 관심이 없다고 해야 할 것 같다. 이런 관점에서, 파운드케이크를 정말 잘 만드는 숍이 있다는 것은 분명 행운이다. 무엇보다, 구움과자는 촘촘한 밀도를 갖기 때문에 재료의 물성이 최대로 살아 있다. 공기 주입이 적어 씹을수록 버터의 고소함과 첨가된 향미가 입안을 감돌아, 진정시켜줄 음료가 필요한데 바로 이를 잡아주는 것이 홍차의 텁텁함과 쓴맛이다.

이렇듯 화학적 균형과 물리적 접합을 안정된 분위기에서 느낄 수 있는 '스퀘어이미'. 화이트와 민트의 조화가 상큼하다. 매장은 테이크아웃을 컨셉으로 잡은 것이라 다소 협소하다. 또한 고민할 필요 없이 주고 싶은 종류를 모두 사서 종합선물 세트를 만들어도 사랑스러운 아이디어가 완성된다. 합리적인 소비나 가성비를 굳이 들추지 않아도 이곳은 '특별한 맞춤 선물'을 상상할 수 있는 '네모반듯한' 디저트숍이다.

Desserts

디저트 시장에서 파운드케이크가 힘을 얻으며 서서히 단독 메뉴로 올라오는 추세다. 개성 강한 케이크의 일종이고 복합 재료와 콜라보를 할 수 있는 가능성이 높아, 최근 다양한 배리에이션으로 많은 사랑을 받고 있는 컵케이크처럼 변화무쌍한 응용이 가능하다. '스퀘어이미'는 5년 전부터 파운드케이크를 메인으로 내세우고 있으며, 이런 장점들을 살려 디저트 전문 시장을 선도하고 있다. 또한 달콤한 '네모' 이외에도 미니 케이크처럼 앙증맞은 구원투수 구겔호프와 까눌레, 비스코티 등이 있는데, 수량을 늘리기보다 퀄리티에 집중하는 신중함이 전해진다. 재료는 말할 것도 없고, 하나를 만들어도 스스로 만족하지 않으면 결과물을 내보내지 않는다는 이승림 파티시에의 자존심과 완벽주의 덕분에 최상의 맛을 볼 수 있는 수혜자는 역시 제삼자인 손님이다. 그것이 부모님이 농사지은 단호박과 그의 정성으로 만든 파운드케이크의 인기 비결일 것이다. 또 레몬파운드케이크와 얼그레이파운드케이크도 많이 찾는다고. 아몬드파우더가 들어가는 미니 구겔호프도 파운드케이크와 같은 '작고 달콤한 선물'이란 컨셉트에 어울리는 귀여움과 개별적인 맛의 즐거움이 있는 메뉴다.

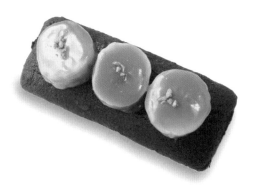

초콜릿파운드케이크

직선으로 둘러싸인 파운드케이크. 날렵한 맵시를 가진 짙은 육면체의 자태는 모든 것 중 으뜸으로 보인다. 초콜릿을 좋아하는 데다가 그 속과 위에 초콜릿과 가장 잘 어울리는 짝꿍인 바나나가 들어가 있으니 더욱 손길이 간다. 서로 다른 지방들이 어우러진 묵직하고 진한 맛이라 한꺼번에 다 먹기는 곤란하지만, 아메리카노와 함께라면 네 조각 정도는 문제없다. 얼핏 브라우니가 떠오르기도 하는데 식감이 좀 더 포슬포슬하고 맛의 선이 굵다.

까눌레

내가 이제껏 먹어본 까눌레 중에서 가장 맛있었던 것은 프랑스도 아니고 일본도 아닌, 덴마크 코펜하겐의 이름도 전혀 기억나지 않는 카페에서 먹은 것이었다. 단단하고 딱딱한 표면에, 단면을 잘라보지 않는 이상 그 속을 알 수 없는, 굉장히 호기심을 불러일으키는 디저트였다. 그래서 브루잉 커피와 함께 하나 먹었는데, 마치 달콤한 프라이드치킨을 먹는 느낌이었다면 이상하게 들릴까? 속살이 촉촉하게 익어 담백하며 겉은 바삭바삭하고 달걀과 바닐라빈의 톡 쏘는 향이 너무 새로웠다. 다행히 지금까지 이 추억의 맛과 가장 흡사한 까눌레를 몇 군데 찾았고, 그중 하나가 '스퀘어이미'다. 그래서 이곳에 갈 때마다 나는 파운드케이크와 까눌레를 반드시 산다. 다만 주말에만 나오기 때문에 평일에는 살 수 없다.

Information　Ⓐ 서울 마포구 양화로19길 22-13　ⓣ 070-4136-5228　ⓗ 11:00-21:00, 연중무휴

Behind Story

#1

남자 혼자 디저트 카페에서 조각 케이크나 티라미수를 먹는 것이 자연스럽고 일상적인
이미지는 아니지만 옛날에 비해서는 현저하게 늘었다. 베이커리 카페에서 빵과 커피를
시켜 놓고 작업을 하는 경우를 흔히 볼 수 있게 되었고, 디저트를 구매하는 중년의 남자들도
많아지고 있다. 밥값이랑 맞먹는 커피를 왜 마시는지 모르겠다는 어르신들도 카페에서
여러 가지 디저트를 시켜 먹는 상황까지 왔으니, 의식이 변했고 편견의 틈이 좁아지고
있음이 분명하다. 이승림 파티시에는 어릴 적부터 단것을 무척이나 좋아해 빵이나 과자를
즐겨 먹었다고 했다. 아이들 입맛이야 보통 그렇지만 그의 경우 나이가 들어서도 변함없이
케이크가 좋았고 만들고 창작하는 일에 관심이 많아 파티시에가 되지 않았나 싶다. 남자들이
단것을 좋아하지 않는다는 편견에 반대한다고 말한 그는 어찌 됐건 그의 성향과 의지대로
세상에서 가장 많은 설탕과 밀가루, 그리고 버터와 견과류를 사용하는 직업을 갖게 되었다.

#2

카페 '이미'가 가장 바쁜 시기는 7월과 9월 사이,
탐스럽고 달콤한 복숭아가 가장 맛있을 때다.
'행복'이라는 이름으로 태어나 디저트를 즐기는
많은 이들의 사랑을 받고 있는 이 디저트는
이승림 파티시에의 인디비주얼 작품 중에서
가장 유명하다. 한편으로는 가장 고민한 메뉴로
여러 종류의 복숭아를 조합하기 때문에 만들기
무척이나 까다롭다고. 안 먹은 사람은 있어도
한 번만 먹은 사람은 없다는 이승림 파티시에의
'행복'은 오직 카페 '이미'에서만 시즌 메뉴로
만날 수 있다.

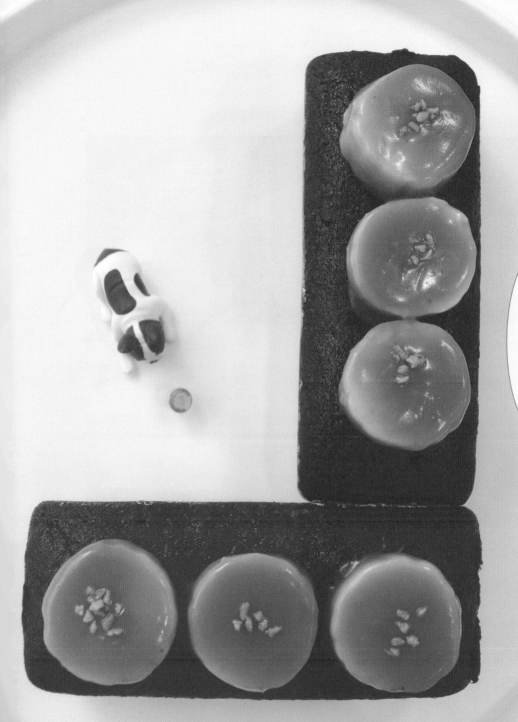

초코바나나파운드

분량 4개 (미니파운드 틀 13×5.5cm 기준)
재료 무염버터 170g / 설탕 100g / 물엿 50g / 달걀 150g / 박력분 150g /
     코코아파우더 30g / 베이킹파우더 2g / 가나슈 30g / 바나나페이스트 90g
     데커레이션 – 바나나 슬라이스 / 생카라멜 / 피넛크런치

① 포마드 상태(상온에서 손가락으로 눌렀을 때 들어가는 정도의 강도)인 버터를 믹싱볼에 넣
   고 연한 크림색이 될 때까지 충분히 휘저어준다.
② 설탕과 물엿을 넣고 충분히 섞은 재료를 ①에 넣어 주걱으로 혼합한다.

③ 달걀이 버터와 분리되는 걸 막기 위해 ②에 달걀을 조금씩 5회로 나눠 넣고 설탕이 80%가량
   녹을 때까지 완전히 혼합한다.
④ 가나슈(초콜릿 20g, 생크림 10g 유화)를 만든다.

⑤ 모든 가루 재료를 큰 볼에 담아 체에 친다.
⑥ ④에 ⑤를 넣어 가루가 안 보일 때까지 주걱으로 가볍게 섞는다.
⑦ ⑥에 가나슈를 넣어 혼합한다.

⑧ 바나나페이스트를 첨가해 혼합한다.
⑨ 반죽과 필링을 교차(반죽 80g / 바나나필링* 30g / 반죽 70g)하여 팬닝한다.

⑩ 170도 예열한 오븐에서 30분 정도 굽는다. 완전히 식으면 생카라멜을 입힌 바나나와 피넛크런치를 올려 데커레이션 한다.

1 레시피 과정을 시작하기 전에 미리 미니 파운드 틀을 버터와 강력분으로 코팅하고, 바나나 페이스트와 바나나 필링을 만들어 놓자.

2 바나나 필링은 달궈진 팬에 적당량의 버터를 녹인 후 슬라이스한 바나나 150g과 설탕 50g을 넣어 투명해질 정도로 끓여준다.

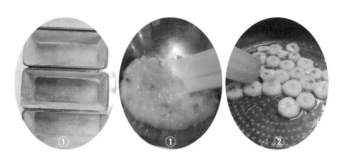

3 달걀의 온도는 반죽의 온도와 비슷해야 하므로 차갑게 두는 것보다 미리 꺼내놓고 실온과 맞춰줘야 한다.

4 가나슈를 만들 때는 끓인 생크림 초콜릿에 천천히 부어가며 녹인다.

5 가루 재료를 섞을 때 주걱을 반죽에 누른다는 느낌으로 저어준다.

6 반죽이 묽기 때문에 파운드 틀에 짤주머니를 이용하면 손쉽게 양을 조절할 수 있다.

7 만약, 결과물의 볼륨이 충분하지 않다면 버터를 치대는 과정이 부족했을지 모른다.

까망베르 크림치즈 구렐호프

분량　13개 (미니 구겔호프 틀 6.5×3.5cm 기준)

재료　전란 170g / 설탕 140g / 박력분 150g / 아몬드파우더 20g / 베이킹파우더 2g / 버터 170g / 까망베르
　　　크림치즈 150g / 초코칩 40g

① 믹싱볼에 전란, 설탕을 넣고 중탕하여 설탕이 잘 녹도록 저어준다.

② 체에 친 가루 재료들을 ①에 넣고 가볍게 섞어준다.

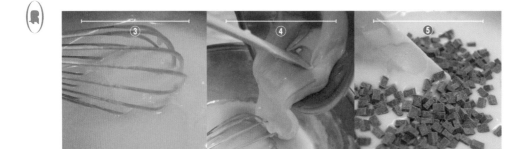

③ ②에 완전히 녹인 버터를 2~3회로 나누어 넣고 휘젓는다.

④ ③에 까망베르 크림치즈*를 넣고 혼합한다.

⑤ 초코칩을 넣고 잘 섞는다.

⑥ 틀에 55~60g씩 넣어 팬닝한다.

⑦ 180도 오븐에서 약 25~30분 정도 굽는다.

⑧ 식힌 후 크림치즈, 아이싱 순서로 데커레이션한다.

Tips

1   레시피 과정을 시작하기 전에 미리 미니 구겔호프 틀을 버터와 강력분으로 코팅하고, 크림치즈를 만들어
    놓자.

2   포마드 상태인 버터 500g에 분당 100g, 생크림 80g을 넣고 잘 섞어서 크림치즈를 만든다.

3   버터는 전자레인지에 50초~1분가량 돌려
    액체 상태로 만든다.

4   반죽에 버터를 넣은 다음 섞일 때까지만
    저어주는 것이 포인트. 많이 휘저을수록
    글루텐이 형성되므로 주의한다.

5   초코칩 대신 좋아하는 크랜베리와 같은 재
    료들로 대체해도 좋다. 취향에 따라 바닐
    라향을 넣을 수 있다.

메이드 바이
베이커

made by
BAKER

青い花

아오이하나

오래전 두 번의 일본 여행지는 모두 도쿄였다.
일본에서 유명한 디저트 가게와 빵집은 모두
그곳에 있었기 때문이었다. 나는 최대한 많이
섭렵하겠다는 목적으로 2박 3일, 3박 4일의 여정
동안 밥 한번 먹지 않고 삼시 세끼를 모두 빵과
케이크로 대신했었다. 전혀 질리지 않고, 오히려
어쩌면 이렇게 기발하고 아름답고 정갈하며
앙증맞을까 하는 의문이 머릿속에서 떠나질 않았다.
스타벅스 카페에서 먹었던 이름 모를 초콜릿
빵도 아주 맛있었던 기억이 나고, 지하철역마다
있던 작은 케이크숍의 딸기케이크는 몹시 귀엽고
탐스러웠다. 일본어를 몰라서 정확히 어떤 재료들로
만들었는지는 모르지만 세련된 매대 위의 빵들도
특별해 보였다. 어떤 것은 알 수 없는 맛이었고 다른
어떤 것은 기대 이상으로 훌륭했다.
만약 일본 여행의 목적이 단순히 빵을 탐미하는
것이라면, 사실 비행기를 꼭 타지 않아도 된다. 서울
한복판에 이미 '아오이토리'와 '아오이하나'라는
빵집이 두 곳이나 있기 때문이다.

아 오 이 하 나

Baker 고바야시 스스무

"한국에서 이루는 일본 베이커의 꿈"

"아오이토리는 시작일 뿐"

"가장 가까운 일본 빵집"

Baker

베레모를 눌러 쓴 깡마른 체구의 고바야시 스스무 베이커. 누가 봐도 한눈에 일본사람인 그는 한국에 온 지 어느덧 8년이 넘었다. 함께 일하는 동료는 대부분 한국인이고 주축이 되는 헤드 셰프와 베이커 등의 세 명은 그가 직접 스카우트한 일본인이다. 한국어와 일본어를 섞어가며 소통하는 작업장은 국적을 막론하고 진지함과 미소가 교차되며 분주히 돌아간다.

베이커리의 이름과 그의 유명세가 더해져 한국인데도 일본에 있는 듯한 기분이 얼핏 든다. 그러나 빵을 사러 온 손님들이 대부분 한국인들이기에 그런 착각은 금새 사라지고, 서둘러 빵을 골라야 하므로 오히려 정신을 바짝 차려야만 한다. 조금이라도 늦게 가거나 로테이션이 지연되면 살 수 있는 빵이 거의 없기 때문이다. 바로 홍대 중심 번화가가 아닌 신촌으로 이어지는 언덕배기 길목에 위치한 '아오이토리'에서 벌어지는 흔한 광경이다. 이국적인 외관과 파란색, 흰색의 조합이 맑고 청명한 느낌을 준다.

그를 처음 만난 장소는 2016년 말에 문을 연 2호점 '아오이하나'였다. 6호선 합정역에서 비교적 가깝고 본점에 비해서는 넓은 규모로 외부 접근성이 뛰어나며 레스토랑까지 겸비했다. 스스무 베이커와의 인터뷰는 비교적 한산한 2층 레스토랑에서 진행되었다. 레스토랑의 직원과 셰프 역시 모두 일본에서 활동한 현직 요리사들로 수준급의 이탈리안 퀴진cuisine을 선보이기 위해 스스무 베이커가 직접 스카우트했다. 물론 식전 빵은 아래층에서 가져온 따끈하고 신선한 빵들이다. 아직 '아오이하나'에 레스토랑이 있다는 것을 모르는 사람들이 많은데 일본 스타일의 이탈리안 요리가 궁금하다면 흥미로운 외식의 기회가 될 것이다. 여하간 '아오이하나'의 분위기와 사뭇 다른 조용한 레스토랑에서 스스무 베이커와 앉아 있으니 그의 고단함이 암묵적으로 전해졌다. 사업을 확장하고 제대로 쉬어본 적이 한 번도 없었다고 했으니 당연했다.

고등학교 시절, 성적이 뛰어났지만 형편이 어려워 대학 진학을 포기할 수밖에 없었다는 그는 돈을 벌기 위해 취업을 알아봤고, 그의 고향 요코하마에서 가장 유명한 베이커리에 들어가 견습생부터 시작했다. 스무 살 이후엔 하루 5시간 넘게 자본 적이 없고, 누구보다 열심히 배웠으며 성실하게 일했다는 스스무 베이커. 서른 살이 되기 전 베이커리 오너가 되어 독립하는 것을 목표로 미친 듯이 달려왔다고 털어놓았다. 기회가 있으면 무조건 잡았고 실패했을 때엔 가급적 빨리 극복하려 애쓰면서 초심으로 돌아가 제빵 일을 배웠다. 그의 이런 근성과 실력을 알아본 지인의 제안으로 2010년 스스무 베이커는 한국에 처음 관심을 갖게 되었다. 그전에는 한국을 잘 알지도 못했고 마음에 둔 적도 없었다고. 준비하던 중국 진출이 불발되면서 뜻밖의 인연으로 한국이 플랜B로 떠오르면서 한국행을 결심했다. 객관적으로 봤을 때 경쟁이 극도로 치열한 일본보다, 이래저래 주변 상황이 여의치 않았던 중국보다, 한국은 모든 면에서 긍정적이었던 것이다. 그렇게 '도쿄팡야'가 분기점이 되어 한국에 정착한 지 3년 만에 그는 믿을 수 있는 지인들과 뜻을 모아 홍대에 '아오이 토리'를 오픈했다.

외국인으로서 다른 나라에 사는 일이 힘들 텐데 그렇다는 내색 한번 잘 하지 않는 스스무 베이커의 긍정적인 에너지를 보며, 외국에서 외롭고 고단했던 나의 추억도 잠시 꺼내보았다. 어떤 자세로 임하느냐에 따라 일의 강도는 상대적이었고 목표가 뚜렷하면 전진하는 데 큰 무리는 없었다. 다만 외롭고 힘들 때 위로해줄 수 있는 사람이 없다는 건 타향살이의 숙명이랄까? 다행히 스스무 베이커에게는 사랑하는 가족이 있고 덕분에 잘 넘길 수 있지 않았나 싶다. 그러나 피고용인에서 고용인의 입장이 되면 많은 것들이 달라지는 법. 베이커리를 운영하게 되면서 오너이기 때문에 모든 것을 알아야 한다는 책임감이 그의 어깨를 무겁게 하고 있다. 직원들의 업무 환경과 업무 조건, 복지와 재정 관리 등은 그가 가장 신경 쓰는 부분.

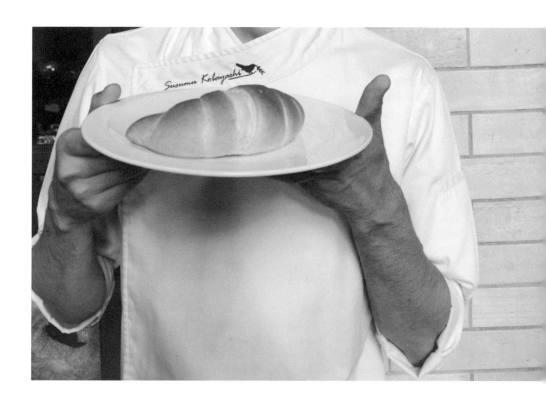

앞으로 5년 안에 매장 하나를 더 열고 법인으로서 연 매출 50억(연계사업을 포함해)을 이루겠다는 자신과의 약속이 부담스럽지 않냐는 질문에, 그는 이렇게라도 말을 하고 다녀야 동기부여가 되는 것 같다며 미래에 대한 포부를 거리낌 없이 이야기했다.

Bakery

　　　　　　홍대입구역과 가까운 '아오이토리'에 몇 번 들른 적이 있지만 한 번도 원하는 빵을 사본 적이 없다. 저녁 시간이어서인지 빵이 거의 없었고, 빵 나오는 시간에 맞춰 갈 수 있는 상황은 더더욱 아니어서 솔직히 누가 사다주면 모를까 직접 사 먹기는 불가능하다고 생각했다. 그런데 작년 여름쯤 합정역 근처에 2호점이 생겼다는 소식을 들었다. '아오이하나'라는 이름으로 상점들이 밀집한 넓은 길가에 위치한 양옥집이라고 했다.

입구에 커다랗게 적힌 'AOIHANA BAKERY'를 보니 '아오이토리'와는 다른 분위기에 살짝 흥분이 됐다. 과연 그 유명하다는 '야키소바빵을 살 수 있을까' 하는 조바심에 얼른 안으로 들어갔다. 주말이었음에도 다행히 빵집의 베스트 제품들이 그대로 있었다. 비가 와서 사람들이 덜 붐빈 것 같기도 했고, 이른 시각이어서 그런 것 같기도 했고, 아무튼 냉큼 야키소바빵과 소금빵을 집어 들었다. 계산하는 동안 실내를 돌아보니 앉아서 먹을 수 있는 공간보다 주방이 훨씬 넓어 보였다. 마당에 있는 테이블까지 치면 비슷하겠으나, 궂은 날씨를 감안하면 이곳 역시 테이크아웃 매장이나 다름없다고 생각했다. 그래도 2호점이 더 좋은 이유는 무엇보다 1호점에서 살 수 없는 빵들을 구매할 수 있고 날씨만 좋으면 나무가 있는 아담한 정원에서 커피와 빵을 즐길 수 있는 데다가, 2층 레스토랑에서 스테이크와 와인까지 먹으며 시간을 보낼 수 있기 때문이다. 정리하면 선택의 폭이 넓어졌고 편안해졌다. 벽돌집의 특징인 견고함과 안정감이 느껴졌고 빼곡히 진열된 80여 종류의 빵들은 하나같이 먹음직해 보였다. 또 베이커리의 상징인 '파란색' 코드는 '파랑새'에 이어 '파란 꽃'이란 의미로 확장되었고 새로운 패키징도 눈에 띄었다.

　　　'아오이하나'에서는 80여 가지의 빵이 날마다 만들어진다. 당연히 한국에 있는 재료를 주로 쓰는데 아쉬운 점은 밀가루와 유지(乳脂)다. 밀가루만 해도 백 가지가 넘는 일본에 비해 한국에서 살 수 있는 밀가루 종류는 그리 많지 않다. 버터와 쇼트닝을 포함한 유지방 또한 마찬가지라고. 하지만 신선한 재료와 제철 재료를 아낌없이 써야 하는 제빵 분야에서 현지의 식자재 사용은 어쩔 수 없는 선택이다. 스스무 베이커는 밀가루를 비롯해 주재료에 해당하는 재료의 특징을 파악하고 비율과 과정을 수정해 자신의 레시피를 정립했다. 덕분에 '아오이하나'의 대표적인 소금빵은 일본에서 먹는 빵처럼 부드럽고 쫄깃하며, 야키소바빵은 조림장의 달콤짭조름한 맛과 씹는 맛이 특이하며 풍미가 코끝까지 올라온다. 카레 고로케와 멜론빵도, 명란 바게트와 앙꼬버터빵도 모두 훌륭하다.

야키소바빵

스스무 베이커로부터 가장 배우고 싶던 레시피였다. 일본 여행에서는 정작 먹어본 적이 한 번도 없는데, 한국에서 이토록 좋아하게 될 줄은 미처 몰랐다. 원래는 '면과 빵이 어울릴까', '간장소스와 빵이 어울릴까?' 하는 의구심이 들어 먹을 생각을 하지 않았었는데 막상 먹어보니 '진작 먹어볼걸' 후회가 밀려왔다. 무슨 방법으로 만들었는지 질문한 내게 스스무 베이커는 오히려 특별한 비법이라고 부를 만한 것이 없다고 웃어 보였다. 일본에서 가져온 양념으로 면을 볶고 빵에 넣을뿐이라고.

새우카츠버거

스스무 베이커의 말대로 일본 사람이 한국 사람보다 빵을 더 많이 먹고 다양하게 즐긴다는 말에 동의하는 건 빵을 이용한 그들의 상상력이 매우 다양해서다. 샌드위치나 햄버거가 빵과 음식 재료들을 섞을 수 있는 유일한 제품이라고 생각하던 때가 있었는데, 빵에 카레를 넣고 돈가스를 넣고 면을 볶아 넣고 아이스크림을 넣는다는 생각이 신기하기만 했다. 새우카츠버거는 일반 새우버거를 먹는 것과는 또 다른 느낌의 맛으로, 달걀과 타르타르 소스와 어우러진 통살 새우 맛이 그렇게 맛있을 수가 없다. 종종 빵에 면이 들어가는 거부감이 들 때면 난 언제나 이 새우카츠버거를 먹는다.

#1

한국어가 아주 유창하지는 않지만 대화를 나누는 데 거의 문제가 없는 스스무 베이커의
한국어 선생님은 누구였을까? 그는 웃으며 그동안 만난 모든 한국 사람들이라고 대답했다.
특별히 시간을 만들어 한국어 공부를 한 적이 없고, 그때그때 현장에서 필요한 말을 배웠을
뿐이지만 5년이 넘고 8년이 흐르니 자연스럽게 이해하고, 쓸 수 있게 되었다고 한다. 실제로
이번 인터뷰를 위해 요청한 자료들은 그가 전부 한국어로 번역해준 것이다. 받침이 정확하진
않았지만 정규 수업을 받은 적도 없고 친구들과 지인들을 통해 배운 실력이 이 정도라면
앞으로 한국에서의 외식 사업도 승승장구하리란 확신이 든다.

Information ⓐ 서울 마포구 독막로7길 44 ⓣ 02-326-0913 ⓗ 10:00-22:00, 명절 휴무

#2

스스무 베이커가 존경하고 좋아하는 이노우에 사토시 베이커는 그가 '아오이토리'를 시작할 때부터 가장 큰 도움을 준 존재다. 빵을 시작했던 베이커리에서 스승과 제자로 처음 만난 두 사람. 사토시 베이커는 그에게 조언과 격려를 아끼지 않은 멘토로, 그가 한국에서 사업을 시작할 때 기초를 잡아주었을 뿐만 아니라 현재는 '아오이하나'의 헤드 베이커로 일하고 있다. 경력이 40년 넘은 베테랑 베이커이자 일본 제빵업계에서도 알아주는 기술을 보유하고 있는 스승이 있으니 못할 게 없다는 설명이다. 한편으로 일본에 가족을 두고 자신을 위해 한국으로 날아와 준 그에게 매일매일 감사한 마음으로 지낸다고.

#3

예상과 달리 베이커리에는 일본인 직원이 많지 않았다. 일본어가 많이 들려서 압도적으로 많을 것이라 생각했는데, 오히려 일본어 능력은 필수가 아니라고 한다. 한국인 직원의 비율도 50%가 넘는다. 파트타임도 50% 정도. 역시 빵은 세상의 만국공통어. 직업에 대한 열정, 정직과 성실함의 소양은 다른 업체와 동일하다.

야키
소바
빵

분량   10개

재료   강력분 250g / 설탕 25g / 소금 5.25g / 탈지분유 5g / 달걀 25g / 생이스트 7.5 / 물 145g /
      쇼트닝 15g / 버터 15g

      야키소바 필링 – 야키소바 면 375g / 야키소바 소스 125g / 양파 슬라이스 125g / 소시지 125g /
      마요네즈 적당량 / 상추 5장 / 생강 조림 적당량

① 쇼트닝과 버터를 제외한 모든 재료를 믹서기에 넣고 1단에서 2분, 2단에서 8분 정도 돌린다.

② 재료가 완전히 섞이면 쇼트닝과 버터를 넣고, 2단에서 유지가 반죽에 모두 스며들 때까지 돌린다. 약 2분가량 소요된다.

③ 25도에서 약 1시간 동안 1차 발효시킨다.

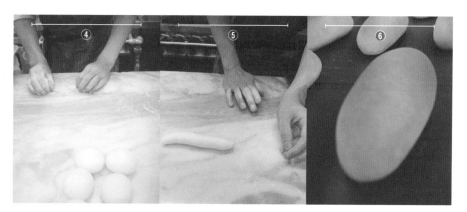

④ 50g으로 분할해서 둥글리기하고 다시 실온에서 약 20분 동안 중간발효시킨다.

⑤ 타원형으로 성형한 다음 온도 36도, 습도 70%의 환경에서 약 45분 동안 2차 발효시킨다.

⑥ 210도로 예열한 오븐에서 약 9분 정도 노릇할 때까지 굽는다.

⑦ 굽는 동안 야키소바 필링을 만드는데, 우선 프라이팬에 식용유를 두르고 팬이 달궈지면 양파
와 소시지를 넣고 볶는다. 차례로 야키소바 면과 야키소바 소스를 넣고 조금 더 볶고 식힌다.

⑧ 빵 중간에 칼집을 넣어 안쪽에 무염버터를 바르고, 상추 1/2장, 야키소바 필링을 넣고 생강
조림으로 토핑한다.

Tips

1 빵에 바르는 버터는 풍미를 더하고 빵을 코팅하는 기능이 있다.
2 야키소바 필링을 식힌 다음 넣어야 빵이 눅눅해지지 않는다.
3 상추의 물기를 완전히 털어내야 한다.

멜
론
빵

분량   10개
재료   강력분 250g / 설탕 25g / 소금 5.25g / 탈지분유 5g / 달걀 25g / 생이스트 0.1g / 물 145g / 쇼트닝 15g / 버터 15g
       멜론 쿠키 – 버터 42.5g / 설탕 110g / 달걀 65g / 멜론 플레이버 2.5g / 박력분 185g

① 쇼트닝과 버터를 제외한 모든 재료를 믹서기에 넣고, 1단에서 2분, 2단에서 8분 정도 돌려준다.

② 재료가 완전히 섞인 다음 쇼트닝과 버터를 넣고, 2단에서 유지가 반죽에 모두 스며들어 갈 때까지 돌린다. 약 2분 소요.

③ 25도에서 약 1시간 동안 1차 발효시킨다.

④ 멜론 쿠키는 버터, 설탕, 달걀, 멜론 플레이버, 박력분의 순대로 믹서기에 차례대로 넣는다 (냉장실에서 보관하면 일주일 동안은 사용할 수 있다).

⑤ 1차 발효된 반죽을 50g으로 분할하고 둥글리기 한 다음, 실온에서 20분 동안 중간 발효시킨다. 부풀어 오른 반죽을 다시 둥글리기 하면서 가스를 빼준다.

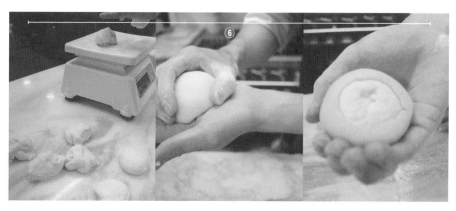

⑥　멜론 쿠키 반죽을 40g씩 분할하여 반죽 위에 각각 덮는다.

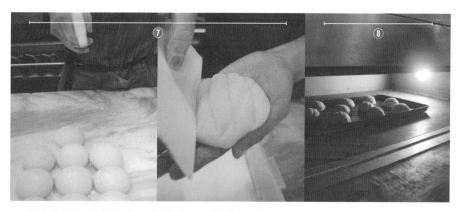

⑦　⑥위에 물을 살짝 뿌리고 설탕을 흩트려 뿌리고, 멜론 모양으로 칼집을 넣는다.

⑧　25도의 온도에서 60분 이상 두고 2차 발효시킨 뒤, 210도로 예열한 오븐에 약 10분 동안 굽
　　는다.

Tips

1　밀가루를 포함한 가루 재료들을 잘 섞어 멍울이 생기지 않도록 주의한다.

2　반죽은 언제나 저속으로 시작하고 상태를 보면서 속도를 높인다.

3　만약 쇼트닝이 없다면 버터로 대체해도 좋다. 다만 이럴 경우 버터 향이 너무 강해 다른 풍미를 저해할 수
　　있다.

4　유지를 넣은 다음엔 반죽 온도가 올라가므로 너무 오래 반죽하지 않도록 주의한다.

5　이 반죽 방법은 조리빵의 기본이 되므로 다양하게 응용할 수 있다.

6　잘 된 쿠키 반죽은 표면이 매끈하다. 또한 쿠키 반죽을 미리 만들어 냉동실에 보관해놓고 사용해도 괜찮다.

7　쿠키 반죽을 빵 반죽 위에 올릴 때, 80% 정도만 덮어준다. 오븐에서 쿠키 반죽이 팽창하기 때문이다.

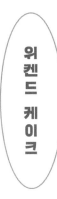

위켄드 케이크

분량   6개

재료   아몬드파우더 250g / 옥수수전분 30g / 달걀 270g / 노른자 70g / 설탕 270g / 레몬제스트 6g / 레몬즙 12g / 럼 20g /
버터 135g / 생크림 60g / 슈거파우더 250g / 레몬즙 43g / 피스타치오 적당량

① 아몬드파우더와 옥수수 전분을 섞어 체에 친다.
② 달걀, 노른자, 설탕, 레몬, 럼을 거품기로 잘 혼합하여 1에 넣는다.
③ 생크림을 중탕해 따뜻하게 하고 버터를 녹여 넣는다.

④ 혼합한 묽은 반죽을 커다란 계량컵에 부어 틀에 붓기 쉽도록 한다.
⑤ 180g씩 미니 파운드케이크 틀에 넣는다.

⑥ 스틱으로 반죽을 휘저어 기포를 제거하고, 트레이에서 다시 한번 탕탕 쳐준 다음 예열된
⑦ 170도 오븐에서 약 35분 동안 굽는다.
⑧ 오븐에서 꺼내면 뒤집어서 틀에서 꺼낸다.

⑨ 슈거파우더와 레몬즙을 섞어 글레이징을 만든다.
⑩ 뜨거운 케이크 위에 바르고, 피스타치오를 다져 토핑한다.

Tips

1 손 반죽을 추천하는 이유는 기계로 빨리 돌리면 공기가 많이 들어가 묵직한 파운드케이크의 질감이 감소
   되기 때문이다.
2 달걀 재료는 가급적 중량(g)으로 측정해 넣어야 정확하다.
3 과도하게 반죽을 오래 치대지 않도록 주의한다.
4 반드시 미니 파운드케이크 틀을 사용하지 않아도 된다. 단지 틀이 바뀌면 굽는 시간과 온도가 살짝 바뀔
   수 있으니 주의한다.

시금치 & 치즈빵

분량   8개

재료   바게트 전용 밀가루 300g / 물 204g / 인스턴트이스트 2.1g / 몰트 1.5g / 소금 6g /
       올리브에 볶아 소금 간한 시금치(반죽 대비10%) / 피자치즈 (반죽 대비10%) / 베이컨(반죽 대비 2%) /
       체더치즈(반죽 대비 2%) / 롤치즈(반죽 대비 2%) / 파르메산치즈 적당량

①   밀가루와 물, 몰트를 섞고 30분가량 휴지시킨다.
②   이스트를 넣고 다시 30분을 기다린 다음 소금을 넣고 가볍게 섞어 30분간 휴지시킨다.
③   속 재료를 준비하는데, 시금치를 올리브와 소금을 넣고 볶아놓는다.

④   숙성한 반죽에 조리한 시금치와 피자치즈, 체더치즈, 롤치즈, 베이컨을 모두 넣고 혼합한다.
⑤   실온에서 약 3시간 동안 1차 발효(90분 지나고 반죽의 공기를 빼기 위해 펀치 1회 실시)를
      진행한다.
⑥   반죽을 100g씩 분할해서 30분 동안 실온에서 중간 발효한다.

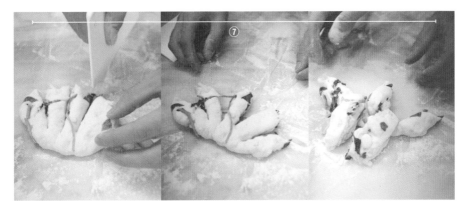

⑦ 부풀어오른 반죽을 성형한다.

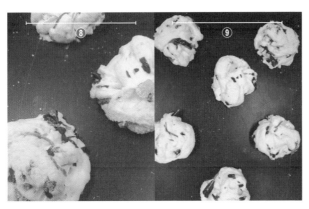

⑧ 파르메산치즈로 토핑한다.
⑨ 습도 70%와 온도 28도로 맞춘 장소에서 60분 동안 2차 발효한다. 아니면, 집에서 가장 따뜻한 장소에 둔다. 210도로 예열한 스팀 오븐에서 15분가량 굽는다.

Tips

1 바게트 전용 밀가루가 없으면 강력분과 박력분을 7:3의 비율로 섞어 사용한다.

2 기계를 사용하지 않고 손반죽해서 만들어도 좋다.

3 믹싱은 가볍고 살짝 쳐대는 느낌으로 힘을 줘야 빵이 부드럽다.

4 습도와 온도 맞추기가 어렵다면 뜨거운 물을 받아 놓은 욕실에 놓아둔다.

5 4의 과정에서 세이보리savory 재료들을 넣은 다음에는 골고루 섞이도록 스크래퍼로 자르고 붙여가며 반죽한다.

메이드 바이
베이커

made by
BAKER

MIA NONNA

미아논나

커피 관련 잡지사에서 일할 때, 매달 브런치
카페를 소개하는 기사가 있었다. 요즘엔 많은
레스토랑과 카페들이 끼니가 될만한 간단한 음식을
내놓고 있기 때문에 퀄리티 높고 분위기 있는
브런치 카페를 선택하는 일이 훨씬 까다로워졌다.
그래서 이런 기사는 평소에 틈틈이 해당 장소들을
스크랩해놓아야 일이 수월하다. 혹은 지인들에게
물어보기도 하고 인스타그램에서 마음에 드는
장소를 클릭해 살펴보기도 한다. 그러던 중
'미아논나'라는 숍에 유난히 관심이 갔다. 외국에
있는 동안 가장 많이 만들어 먹고 자주 사 먹었던
샌드위치 사진들을 한참 보고 있노라니, 옛날
추억이 떠오르면서 꼭 한번 가보고 싶다는 생각이
든 곳이었다.

미아논나

Owner 이새롬

"샌드위치로 망원동 평정"
"간판은 없지만 인기 만발"
"소통은 인스타그램으로"

이새롬 대표를 보면 꼭 만화 주인공 같다. 오목조목 귀여운 이목구비에 용감하면서도 순수한 소녀의 이미지가 떠오르고 왠지 '그래 난 할 수 있어!'라는 글귀의 말풍선이 옆에 떠 있을 것만 같다. 한편으로는 영화 『카모메 식당』의 주인공처럼 낯선 곳에서 혼자 요리를 하며, 호기심 많은 손님들과 이런저런 이야기를 나누는 동네 식당 주인으로 이웃 사람들에게 따스하게 스며든다는 느낌도 있다. 사실 그녀는 이 모든 성향을 갖고 있는 현실의 주인공이나 다를 바 없다.

멀리서 오는 이들도 많지만 '미아논나'의 손님 대부분은 망원동에 사는 지역 주민. 아무 말 없이 샌드위치만 사가는 사람이 거의 없고, 반갑게 인사를 나눈다. 이새롬 대표와 그들은 어제 있었던 일들을, 다음 주에는 뭘 할 것이냐는 질문을 짤막하게라도 주고받는다. 영혼 없는 이야기는 없다. 바쁜 시간이면 땀방울이 송송 맺히도록 샌드위치를 만들며 오가는 사람들을 바라본다. 처음엔 도전이었다가 지금은 일상이 되어버린 이곳의 크고 작은 에피소드들.

대학에서 영어를 전공한 이새롬 대표의 첫 직장은 영어 교육프로그램 컨텐츠를 개발하는 회사였다. 별 탈 없이 무난하게 생활하고 있었지만 그녀의 마음에서는 어릴 적부터 좋아하던 요리에 대한 열정과 꿈이 쉽게 사라지지 않았다. 마침내 장고 끝에 식품 관련 대기업에 지원했다. 결과는 아쉽게도 탈락. 미련을 버리지 못할 것이라면 공부가 필요하다고 느꼈고 하던 일을 그만두고 당시 푸드 스타일링과 요리를 동시에 가르쳐주던 '라퀴진'에서 수업을 들으며 인턴 생활을 시작했다. 하지만 기대와 달리 돌아가는 현장이 너무 달랐고 이해할 수 없는 순간들과 자주 맞닥뜨려야 했다. 회의감이 들었다. 돈과 인맥이 중요하고, 그것들을 잘 이용할 수 있는 사람이 성공하는 것만 같아 괴리감이 들었다. 또다시 고민해야 했고 결국 이딜리아로 떠나야겠다고 결심한 순간, 인생이 새로운 챕터를 펼쳐보기로 했다. 바로 '오밀조밀 프로젝트'라는 샌드위치 판매였다.

100일 동안 만들고 싶은 샌드위치를 만들어 자전거로 이동해 숙명여대 앞에서 팔았다. 도전은 뜻하지 않은 인연을 만들어주었고 삶에 용기도 북돋아 주었으며 약간의 돈도 만들어 주었다. 또한 레시피북 출간 준비를 하면서 샌드위치에 대한 자신감까지 솟구쳤다. 그 후 이새롬 대표는 한국의 모든 일을 뒤로하고 2015년 중반, 이탈리아 북부 아스티로 떠났다. 피에몬테 주에 있는 이 작은 도시에서 9주의 짧은 요리과정을 수료한 뒤, 그녀는 현지에서 일을 구했다. 한국으로 돌아가면 샌드위치 가게를 낼 것이지만 학교가 아닌 지역에서 이탈리아 요리의 본질을 알고 싶었기에 취업은 필수였다. 그녀는 전통이 있고 지역의 식재료로 요리를 만드는, 자부심 가득한 레스토랑에서 일하길 원했다. 다행히 'Oasis Antichi Sapori'라는 캄파니아 주에 있는 유명한 식당에서 일할 수 있는 기회가 생겼는데, 미슐랭 1 스타이기도 했던 그곳의 특징은 주방장이 수십 년 경력의 할머니였다는 사실. 주방은 전통적으로 집안의 여인이 맡았다는 점이 마음에 들었단다. 비록 그리 길지 않은 인연이었음에도 온기 가득한 레스토랑에서 일과 요리의 철학을 배운 이새롬 대표는 한국으로 돌아와 그렇게 '나의 할머니'라는 뜻의 'MIA NONNA'를 탄생시켰다.

홍대에서 상수, 합정, 그리고 망원까지 퍼지는 홍대의
상권 혈류 속도는 고혈압 환자의 그것만큼이나 가파르고 빠르다. 매일 가도 새롭고, 오랜
만에 가면 기억이 나지 않을 정도로 위치가 바뀐 곳들도 간혹 있다. 그래서 종종 길을 잃
어버리기도 한다. 망원동은 망원시장을 중심으로 빌라와 높지 않은 아파트들이 밀집된 오
래된 주택가가 많다. 그만큼 한곳에 오래 산 주민들이 많다는 의미. 이런 동네의 가게들은
크지 않다. 오히려 커다란 건물의 두드러진 카페는 이질감이 느껴지고 전체적인 미관이
예쁘지 않다. 어쩌면 이런 이유로 망원동의 카페들은 작고 숨어 있는 듯하며 찾기 힘들어
더욱 나만의 카페들이 많은 것인지 모르겠다. '미아논나' 역시 나 같은 인간에겐 찾기 힘든
위치에 있었다. 더욱이 간판도 없고 외관이 무미건조하여 무심코 지나칠 수도 있다. 물론,
따사로운 여름이라면 활짝 열어젖힌 창문 너머 맛있는 음식 냄새가 폴폴 나서 무의식적으
로 코끝을 따라갈 수도 있겠지만.
양옆이 신축빌라들로 빼곡한 골목 중간, 가게 앞에 작은 테이블과 '미아논나'의 주인장 이
새롬 대표의 자전거가 놓여 있으면 영업 중이란 표시다. 바쁜 시간에 오는 직원 한 명을
제외하고 모든 것이 그녀만의 몫이라 10시간 이상 문을 열어 놓는 일이 무리이기도 하다.
이새롬 대표는 이탈리아에서 경험해본 목요일 휴무와 일요일의 단축 영업, 평일의 점심,
저녁 시간의 노동이 자신에게 가장 적합하다는 것을 깨달았다.

Sandwiches

　　쉽다고 생각하지만 이상하게 만들기 쉽지 않은 것이 샌드위치다. 훌륭한 비빔밥 한 그릇 만들기 위해 오랜 과정과 정성, 노력이 필요하듯 샌드위치도 그렇다. 준비할 재료들이 많고 그 재료들을 어떻게 조리해 놓을 것인가도 매우 중요하다. 내 경우, 샌드위치를 만들 때면 언제나 집에 있는 먹다 남은 재료들을 최대한 이용한다. 샌드위치를 위한 재료를 따로 사지 않고 오래된 재료들을 다소 기름지게 볶거나 굽는 편. 당연히 먹고 나면 더부룩한 포만감이 올라온다. 물론 샌드위치를 위한 빵은 늘 준비되어 있다. 선호하는 빵은 커다란 통밀 식빵이지만 깜빠뉴를 비롯해 치아바타, 바게트, 브리오슈를 이용할 때도 있다.

'미아논나'는 내가 만드는 샌드위치와는 전혀 다르다. 샌드위치 전문점답게 신선하고 건강한 재료만을 사용하고 빵 또한 냉동실에서 잠자던 빵이 아니라 직접 배달해 오는 '오월의 종' 빵들이다. 알게 모르게 빵 고르기가 어려웠다는 이새롬 대표의 선택은 '오월의 종' 잡곡 식빵과 치아바타. 제공되는 채소과일은 모두 망원시장에서 그날그날 직접 사 오고, 구할 수 없는 허브는 농원에서 구매한다.

핫 샌드위치

샌드위치 전문점에서 샌드위치가 어메이징한 것은 너무나 당연한 일인데, '미아
논나'의 핫 샌드위치가 유난히 맛있는 이유가 무엇인지는 아직까지 잘 모르겠다.
레시피 과정을 지켜봐도 어떤 특별함을 찾을 수 없는데 말이다. 이상한 건, 막상
집에서 따라 하면 똑같은 맛이 나오지 않는다는 점. 그릴이 없어서인가 싶지만,
막상 사서 몇 번 쓸지를 냉정히 따져보면 그냥 '미아논나'에서 먹는 것이 높은 퀄
리티를 지키면서 맛있게 먹을 수 있는 최선의 방법이란 답이 나온다. 특히 빵의
씹는 맛이 살아 있고, 무엇보다 굉장히 고소하며 재료의 밸런스가 너무 좋다. 그
릴에서 뜨겁게 달궈지며 녹아내리는 치즈의 향기도 진하고, 반듯하고 큼지막한
직사각형의 브라운 컬러도 마음에 든다.

Information Ⓐ 서울 마포구 망원로6길 61 Ⓣ 070-8150-7503 Ⓞ 12:00-18:00 (일요일 16:00), 목요일 휴무

Behind Story

#1

이새롬 대표가 이탈리안 요리를 좋아하게 된 결정적인 이유는 박찬일 셰프의 시칠리아 여행기와 그 지방의
음식의 영향이 컸다. 그러나 그녀가 가장 좋아하는 요리는 한식이며, 다양한 재료를 골고루 맛볼 수 있는
한정식을 매우 좋아한다. 어릴 적 꿈은 샌드위치 가게 아줌마였다고. 단순한 음식이지만 들어가는 재료의
재미있는 변신이 가능해 샌드위치라면 매일 만들어도 질리지 않을 것 같았기 때문이란다.

#2

주문이 밀리면 하나하나 조립하고 그릴에 구워야 하는 샌드위치가 당연히 늦게 나올 수밖에 없다. 그렇다고
이를 불평할 수 없는 것이 일단 맛을 보면 기다린 보람이 한꺼번에 상쇄되고 나중에 기다리더라도 다시
오고 싶은 마음이 들기 때문이다. '미아 논나' 손님들은 대부분 기다리는 것에 무척이나 관대하다. 주인 혼자
샌드위치를 만드니까 늦게 나오는 것쯤은 이해해야 한다는 인식이 자연스럽게 퍼져 있다.

#3

재료소진으로 일찍 문 닫는 날이면 이새롬 대표는
인스타그램(@mia.nonnaa)에 공지를 올린다. 개인 사정으로
오픈 시간이 늦어지거나 휴가 기간이 정해져도 인스타그램을 통해
알려준다. 전화는 있지만 바쁠 때 전화를 받기는 힘들다.

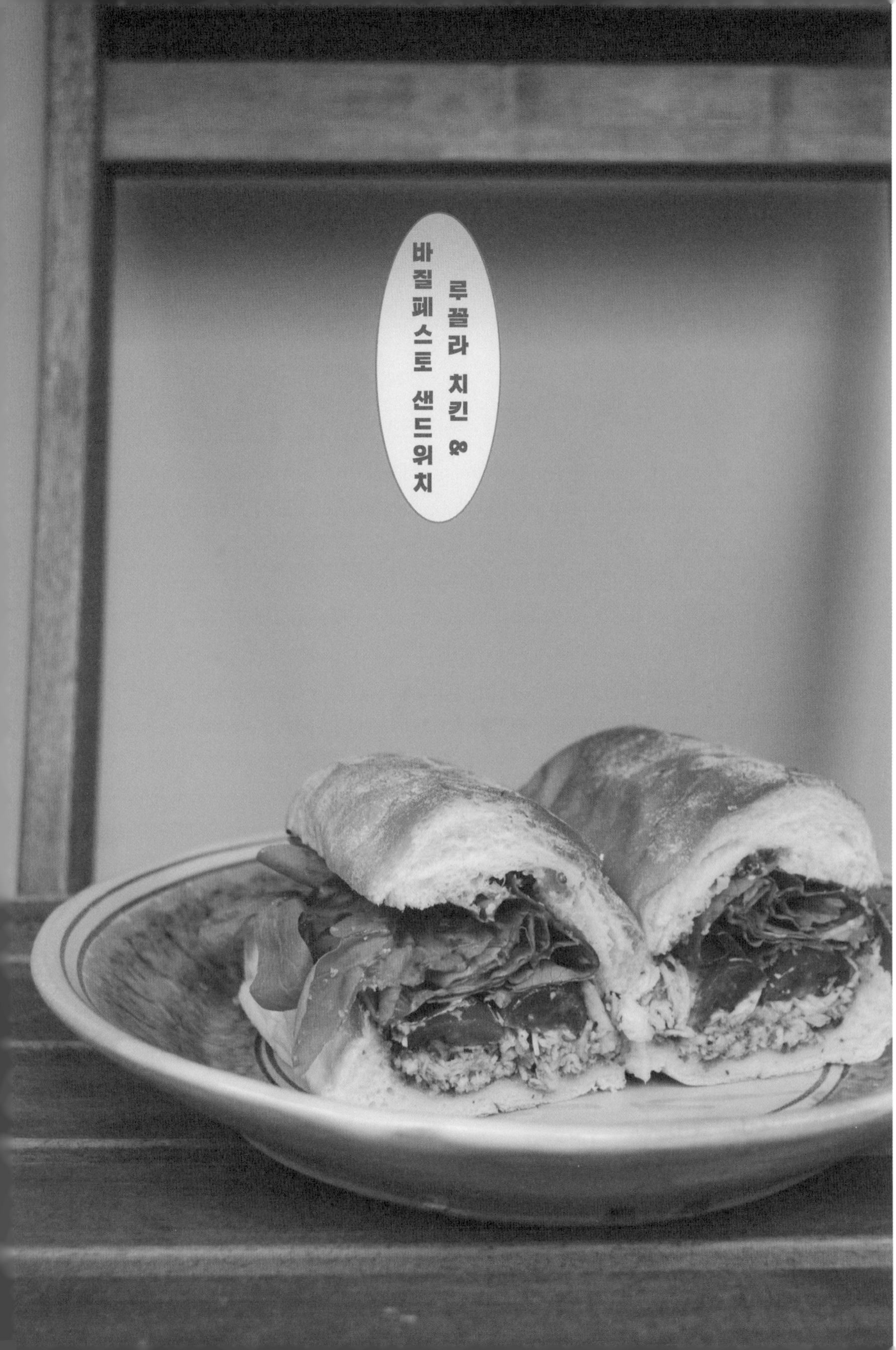

루꼴라 치킨 & 바질페스토 샌드위치

분량   2인분

재료   라이Rye 바게트 혹은 치아바타 2쪽 / 디종 머스터드 적당량 / 바질페스토 적당량 / 닭가슴살 2쪽 / 토마토 1개 /
      루꼴라 적당량 / 소금, 후추 적당량 / 올리브유 적당량

옵션   고수 적당량 / 페타크림 (페타치즈+요거트+마늘+오레가노) 적당량

① 삶아 놓은 닭가슴살이 따뜻할 때, 손으로 잘게 찢는다.

② 바질페스토를 넣어 버무리고 소금, 후추, 올리브유로 간을 맞춘다.

③ 빵 한 쪽에 바질페스토를 바르고, 다른 면에는 올리브유를 살짝 뿌린 다음 디종 머스터드를
   발라주고, 오븐에서 초벌로 살짝 토스트 한다.

④ ②를 바질페스토를 바른 빵에 올리고, 슬라이스 한 토마토를 그 위에 올린 다음 페타크림을
   뿌린다.

⑤ 고수와 루콜라를 순서대로 올린 뒤 남은 빵으로 덮어주면 완성.

Tips
1   시중에 파는 바질페스토를 이용해도 괜찮다.
2   토마토 대신 방울토마토로 대체해도 좋다.
3   고수와 페타크림을 만들 재료가 없거나 좋아하지 않는다면 생략해도 된다.

얼그레이 무화과 머핀

분량   15개

재료   버터 500g / 설탕 350g / 소금 한 꼬집 / 달걀 6개 / 베이킹파우더 6g / 중력분 450g / 무화과잼 350g + α /
       얼그레이 티 12g

① 따뜻한 실온에서 부드럽게 만든 버터를 믹서에 넣고 크림화한다. 설탕과 소금을 넣어 충분
   히 섞는다.
② 볼에 달걀을 풀어 ①에 조금씩 넣어가며 재빨리 혼합한다.
③ 믹싱볼을 분리해 체 쳐둔 가루 재료(중력분, 베이킹파우더, 소금, 얼그레이 티)를 넣고 주걱
   을 이용해 자르듯 섞어준다.

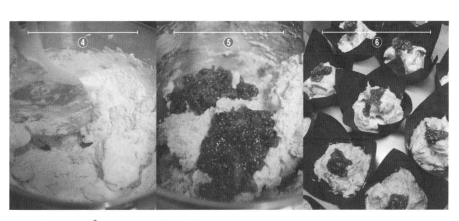

④ ③에 무화과잼*을 넣고 가볍게 섞어준다.
⑤ 파운드 틀이나 머핀 틀에 넣고 무화과잼을 토핑으로 조금 얹어준다.
⑥ 170도로 예열한 오븐에서 4~50분간 구워주면 완성.

1 무화과잼*은 미리 준비해야 하는 재료로, 하루 전날 만들어 놓는다. 병에 담아 놓고 서늘한 곳에 두면 한 달 이상 보관이 가능하다. 무화과 1kg 정도라면 7~8회 정도는 충분히 쓸 수 있는 양이지만 취향에 따라 부족할 수 있다.

2 반건조 무화과 1kg, 설탕 400g을 냄비에 넣고 바닐라 액스트랙트와 럼, 물을 적당히 넣은 다음 약한 불에서 뭉근하게 조린다.

3 버터를 넣을 때 잘라서 넣으면 크림화가 빨리 일어나며 충분히 부드럽다면 큰 상관은 없다.

4 머핀 반죽을 담을 때 아이스크림 스쿱을 이용하면 편리하게 담을 수 있다.

5 머핀이 크게 부풀어 오르지는 않기 때문에 종이 틀이 없다면 머핀 틀의 80% 정도까지 올라오도록 한다.

핫 샌드위치

분량 2인분
재료 호두잡곡식빵 4쪽 / 바질페스토 적당량 / 디종 머스터드 적당량 / 그릴에 구운 가지 1개 / 방울토마토 1팩 /
뮌스터치즈 2장 / 그라나파다노 적당량

① 반으로 자른 방울토마토는 유산지를 넣은 오븐 팬에 패닝한다. 이때, 올리브오일, 황설탕,
　 오레가노를 뿌리고 100~120도 오븐에서 2~3시간 정도 구워 수분을 날린다.
② 식빵 한쪽 면에는 바질페스토를, 다른 면에는 디종 머스터드를 바른다.
③ 노릇하게 구워진 가지를 평평하게 깔고, 선드라이드 방울토마토를 골고루 펴준다.

④ 그라나파다노를 약간 갈아서 뿌리고 뮌스터치즈를 올린다.
⑤ 남은 빵을 덮고 파니니 그릴에서 치즈가 녹을 때까지 꾹 눌러 굽는다.

Tips
1　가지를 반으로 잘라 도톰하게 슬라이스한 뒤 그릴 혹은 오븐에 굽는다.
2　방울토마토 대신 일반 토마토를 써도 상관없다.
3　취향에 따라 가지 대신 송이버섯이나 호박을 그릴에 구워 넣어도 맛있다.

아몬드 크랜베리 비스코티

분량 40~50개

재료 포도씨유(혹은 카놀라유) 36g / 설탕 93g / 바닐라 액스트랙트 ⅔tsp / 달걀 40g / 박력분 163g /
     소금 ⅛tsp / 베이킹파우더 ⅔tsp / 드라이 크랜베리 ⅓컵 / 아몬드 1컵

① 아몬드가 고소해지도록 오븐에 살짝 구워 식힌 다음, 칼로 굵직하게 잘라 놓는다.

② 모든 가루 재료는 체에 쳐서 준비해놓는다.

③ 포도씨유와 설탕을 넣고 거품기로 충분히 휘저어준다.

④ ③에 바닐라 액스트랙트, 달걀 순으로 넣어 잘 섞는다.

⑤ ④에 ②를 넣고 주걱으로 반죽을 자르듯 혼합한다.

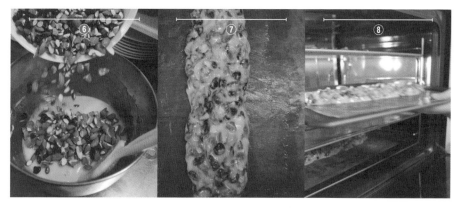

⑥ 가루가 보이지 않을 만큼만 가볍게 뒤섞고, ⑤에 크랜베리와 아몬드를 넣고 섞는다.

⑦ 실리콘 매트 위에 길쭉하고 도톰한 두 개의 덩어리를 만든다.

⑧ 160도로 예열한 오븐에서 30분 정도 굽는다.

⑨ 덩어리가 살짝 식으면 적당한 두께로 슬라이스한다.

⑩ 150도로 예열한 오븐에 중간중간 뒤집어가며 3~40분 동안 2차로 굽는다.

Tips

1 마트에서 파는 구운 아몬드를 사서 만들어도 상관없지만, 번거롭더라도 생아몬드를 이용하면 굽기를 조정할 수 있다.

2 원하는 식감에 따라 아몬드와 크랜베리를 자를 때 조절한다.

3 1차로 구운 반죽이 완전히 식으면 자를 때 부서질 수 있기 때문에, 손으로 만져봐서 따뜻할 때 썰어 놓는다.

4 2차 굽기는 취향에 따라 더 굽거나 덜 구울 수 있다. '미아논나'는 최대한 수분을 날려 바짝 굽는 편이다.

페이크 바이
베이커

made by
BAKER

르빵

르 빵

Baker 임태언

"집요한 노력의 승리"

"손님은 좋아하고 직원은 싫어하는 빵"

"잠실 빵집에서 서울 대표 빵집으로"

수많은 셰프와 베이커, 파티시에를 아는 건
아니지만 적어도 내가 아는 15년 차 이상의
오너 베이커들 중, 임태언 베이커는 수면 시간을
쪼개가며 일하고 그와 동시에 배움에도 성실한
베이커 TOP5에 든다. 어릴 적 사고로 인한 화상
콤플렉스를 극복한 정신력부터 정직한 빵을
만들겠다는 신념까지. 무덤덤해 보이는 얼굴 뒤에
말하지 못한 사연들을 상상할수록 대단하다는
생각뿐이다. 절실해서 할 수밖에 없었다는 그의
말대로 오늘의 그를 만든 원동력은 다름 아닌
'빵'. 그와 인터뷰했던 기자들을 모두 감동시킨
에피소드를 알고 있는 터라 '르빵'에 갈 때마다
진열된 빵 하나하나가 예사롭지 않다.

임태언 베이커의 옛날이야기를 듣다 보면 '인간승리'라는 말이 절로 나올 때가 있다. 망원동에 있는 '르빵 더 테이블'의 공사가 한창 마무리 단계에 접어들 무렵, 그를 만나기란 쉽지 않았다. 이미 같은 건물 1층에 베이커리를 운영하고 있었지만 파인 디저트, 와인 컬렉션과 함께 다이닝을 펼칠 수 있는 공간을 꾸미는 중이었다. 그래서인지 이곳에서만큼은 베이커라는 타이틀이 무색해져 셰프 임태언으로 불러야 할 것만 같았는데, 사실 그가 처음 외식 업계에 들어온 분야는 베이커리가 아닌 레스토랑이었다.

요리를 하고 싶었던 그는 레스토랑을 전전하며 일자리를 찾아다녔다. 몇 달을 돌아다녀도 20대 후반의, 나이든 초보에게 선뜻 주방을 내어줄 곳은 만무했기에 허드렛일부터 시작했다. 궂은일을 마다하지 않고 설거지부터 청소, 주방 보조까지, 시키는 대로 했다. 짐작했던 것보다 힘든 육체적 노동에 그만두려고도 했지만 희망을 품고 성실함으로 일관했다. 그러나 시간이 흘러도 별다른 제안이 없자 안 되겠다 싶어, 그는 낮에는 일하고 밤에는 학원을 다니며 따로 요리를 배웠다. 이렇게 주경야독하던 그에게 어느 날 기회가 찾아왔다. 다이닝의 꽃인 디저트 파트에서 티라미수를 내어야 하는데, 엉겁결에 그가 맡게 된 것이다. 이후, 임태언 베이커는 디저트 분야가 왠지 자신의 길인 것만 같은 느낌이 들었단다. 제과제빵 자격증이 있었지만 관련 수업을 적극적으로 수강했고 주말에도 수업을 찾아 다니며 배웠다. 전셋집을 팔아 학원비를 낼 정도였으니, 그의 열정이 얼마나 절실했는지 짐작이 간다.

이렇게 갈고닦은 노력과 실력으로 석촌에 위치한 '호수 레스토랑'에서 디저트 파트장으로 일하게 되었으며, 그곳에서 인정을 받고 인간적인 신뢰까지 얻었다. 한편 그는 알고자 하는 호기심이 너무 커서 모르는 것이 생기면 후배나 직원에게 거리낌 없이 물어봤다. 그런 식으로 그들과 대화를 시작했고 진심으로 그들의 고민을 들어주면서 든든한 선배이자 베이커로 존재감까지 확장시켰다. 누구보다 자신이 외식 업계의 고단함과 밑바닥을 경험했기에 이 분야의 후배들을 챙기고 싶었던 그는 언제나 사람이 가장 중요하다는 점을 강조한다. 잠실에 '르빵'을 오픈했을 때엔, 한동안 장사가 되지 않아 문을 닫아야 하는 상황에서 오히려 직원들과 빵을 탐구하는 '빵 연구의 날'을 만들었다. 단합된 마음으로 시종일관 최선을 다한 덕분인지 1년이 지나자 사람들이 몰리더니 어느 순간 빵을 사려고 기다리는 사람까지 생겼다. 그 모습에 너무 놀라고 기뻤다는 임태언 베이커. 포기를 모르고 살았던 지난 10년을 고스란히 보상받는 기분이 들지 않았을까 싶다.

그가 현재 주력하고 있는 '르빵 더 테이블'의 경우, 말 그대로 빵과 요리의 향연이 펼쳐지는 무대로 이곳의 시그니처가 되어버린 커다란 식전 식빵 외에도 보는 즐거움이 더 큰 디저트 등이 서서히 주목을 받고 있다. 식전 식빵은 베이커리에서 팔지 않는 아이템인데 이 빵만 따로 사고 싶어 하는 손님들의 문의가 끊이질 않는다. 분자 요리를 바탕으로 한 응용 요리에도 관심이 많아, 고가의 장비도 들여왔을 만큼 열심인 임태언 베이커의 새로운 도전을 응원한다.

Bakery

　　잠실 석촌호수에 있는 '호수 베이커리 카페'의 전망은 잔잔하면서도 꽤나 역동적이다. 평일 한가진 오후에 이곳에서 커피 한 잔과 통딸기생크림 케이크 한 조각을 먹으며 앉아 있노라면, 산책하러 나온 주민과 근처 회사원들이 일광욕을 하기 위해 밀려드는 모습이 평화롭게만 보인다. 이곳에서 멀지 않은 곳에는 '르빵'의 월드타워점과 잠실 본점이 각각 위치해 있다. 본점을 제외한 '르빵'의 전 지점을 둘러본 나는 명동성당점을 가장 선호하는데, 그 이유는 밖에서 베이커들이 일하는 모습을 볼 수 있고 빵을 구매한 뒤 주변을 천천히 둘러보며 먹을 수 있는 장소의 여유에 있다. 또 명동의 지리적 접근성이 뛰어나 찾아가기 좋다. 주변을 거닐며 빵 봉지를 들고 도심 나들이를 할 수 있는 점이 가장 즐겁다.

참고로, 본점과 석촌호수점, 월드타워점에서는 커피를 비롯한 음료도 팔지만 명동성당점은 오직 빵만 살 수 있다.

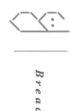

Bread

　'르빵'하면 밤식빵이 가장 먼저 떠오르곤 해서 막연히 밤식빵 판매로 수익을 올리는 구조라고 판단했었다. 그러나 매출을 점유하고 있는 아이템은 의외로 담백한 데일리 브레드인 바게트, 베리넛, 통밀빵, 크로와상, 치아바타, 깜빠뉴 등의 하드 계열 빵. 실제로 베이커리에는 수십 가지의 빵들이 진열돼 있고 달콤한 필링이나 치즈, 크림 등으로 채워진 빵과 그렇지 않은 빵의 비율이 6:4 정도(명동성당점 기준)인데 발효종 빵의 종류도 적지 않다. 오히려 이 반죽을 응용한 아이템들이 눈에 띄고, 신제품 개발에도 적극적인 모습이다. 빵 외에 1년 내내 유명한 통딸기 생크림 케이크 역시 이곳의 시그니처.

new
바질마카다미아바게트

T-65(프랑스), 소금(프랑스)
바질(이탈리아), 마카다미아(호주)

4200

LE PAIN ·S 추천

T-65(프랑스), 블랙올리브(미국)
마카다미아(미국)

4700

고구마식빵

밤식빵 다음으로 좋아하는 고구마식빵은 다행히 판매 수량을 크게 제한하지 않는다. 그럼에도 오후 늦게 가면 살 수 없다. 통으로 들어간 밤식빵처럼 고구마빵에도 큼지막한 고구마 덩어리가 묵직하게 들어가 있다. 우유와 먹으면 한 끼 식사로도 부족함이 없고, 아이들에게도 건강한 간식이 될 수 있다.

맘모스빵

운이 좋아야 살 수 있다는 맘모스빵. 견과류와 각종 크림, 밤과 크랜베리를 아낌없이 투척해 만들어 빵의 무게만 해도 2kg에 이른다. 이를 얕잡아보고 2개를 주문했다가 된통 고생한 적이 있는데, 가격이 고작 8천5백 원이다. 원가도 안 나오는 것 아닌가 싶어 물어보니 가게를 리뉴얼 하면서 고객감사 차원으로 만든 이후 반응이 좋아 여전히 생산한단다. 하지만 재료값이 너무 많이 들어 양껏 만들 수 없고 들어가는 부재료들이 너무 많아서 직원들이 만들기에도 힘든 빵이라고. 밤 식빵처럼 만들수록 손해라면서 왜 만드냐고 물으면, '르빵'을 있게 한 손님들에게 보답할 수 있는 최소한의 서비스이자 고마움의 표시라고 설명한다.

한마디로, 어릴 적 먹던 맘모스빵과 비교가 안 될 정도로 거대하고 푸짐해서 미안한 마음마저 드는 빵이다.

Behind Story

#1
임태언 베이커의 베이커리는 총 다섯 개이며 레스토랑 한 개를 운영하고 있다. 망원동 창비출판사 건물
지하에는 '르빵 더 테이블'이 있는데, 레스토랑에 공급되는 빵은 요리와 섞이지 않기 위해 따로 굽는다. 가끔
준비한 빵이 일찍 솔드아웃 되기도 해서, 레스토랑에 가려면 예약을 하고 방문하는 게 가장 좋다.

#2
그가 한 말 중 기억에 남는 구절이 있는데, '내가 기다리는 건 손님 보다 손님의 칭찬'이라는 말이다. 요즘도
잘 되는 날보다 안 되는 날이 더 많지만, 빵을 사간 손님의 따뜻한 격려와 맛있다는 말 한마디가 큰 힘이 되고
있다, 이는 다른 사업장에서도 마찬가지일 것이다. 아울러 그의 궁극적인 목표는, 지금은 제과제빵을 배우기
위해 학생들이 외국으로 많이 유학을 가는 형편이지만, 50년, 100년 뒤에는 외국에서 한국으로 유학을 올
수 있도록 기반을 잡는 것이라고. 원대한 그의 꿈이 꼭 실현될 수 있길 바란다.

#3
원래 오리지널 밤식빵의 소프트버전 레시피를 촬영할 계획이었지만, 워낙 밤이 많이 들어가는 맛이 특징이라
레시피를 변경하면 '르빵'의 밤식빵이라고 할 수가 없어, 현장에서 사용하는 공식을 그대로 적용했다.
아울러, 만드는 과정을 꼼꼼히 지켜본 내가 내린 결론은 밤농사를 짓지 않는 이상, '이곳의 밤식빵은 솔직히
사 먹는 것이 합리적'이라는 것이다. 개인적으로 밤식빵을 너무 좋아해서 많이 만들면 얼마나 좋을까 하는
서운함이 있었는데, 재료 값만 따져도 왜 하루에 판매 수량을 제한하는지 이해되었다.

바게트

분량　5개

재료　T-65 밀가루 1000g / 물 720g / 저당 이스트* 2g / 갤랑드 소금 21g

① 믹서기에 밀가루와 물을 넣고 30초 정도 돌린다.

② 비닐로 표면을 덮고 18분가량 오토리즈* 단계를 거친다.

③ 믹서기를 1단에 놓은 상태에서 이스트를 넣고 1분 정도 돌린 뒤, 갤랑드 소금을 넣고 2분 더
돌린다.

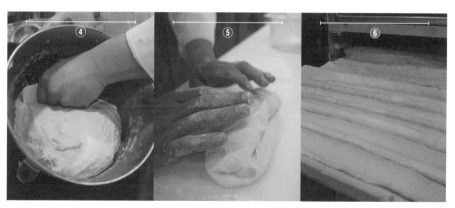

④ 반죽을 꺼내어 올리브오일을 바른 컨테이너에 넣고, 약 12시간 냉장실에서 1차 발효한다.

⑤ 발효가 끝나면 350g씩 분할하여 디원형으로 성형하고 20분가량 중간발효한다.

⑥ 바게트 모양으로 다시 성형하고 바게트 천에 놓은 상태에서 30분 동안 건발효(2차 발효) 한다.

⑦ 도구를 이용해 조심스럽게 발효가 끝난 바게트 반죽을 팬에 올리고, 스코어링scoring을 넣는다.

⑧ 230도로 예열된 오븐에 넣고, 20~23분 정도 굽는다.

Tips

1 발효 과정에서 반죽에 힘이 없으면 주먹으로 살짝 펀치해야 한다.

2 T-65 밀가루가 없다면, 중력분과 강력분의 비율을 2:8로 하여 섞어 사용한다.

3 저당 이스트*란, 당 성분이 많은 레시피에 사용할 수 있는 특화된 인스턴트 이스트로, 가정에서는 일반 인스턴트 이스트를 사용해도 무방하다.

4 오토리즈* 과정을 주게 되면, 빵의 수분량이 증가하여 촉촉한 내상을 얻을 수 있다. 기본 개념은 반죽에 외부의 힘을 주지 않고 스스로 발효하도록 휴지기를 주는 것으로 믹싱도 부드럽게 되며, 기공도 많아지는 효과가 있다.

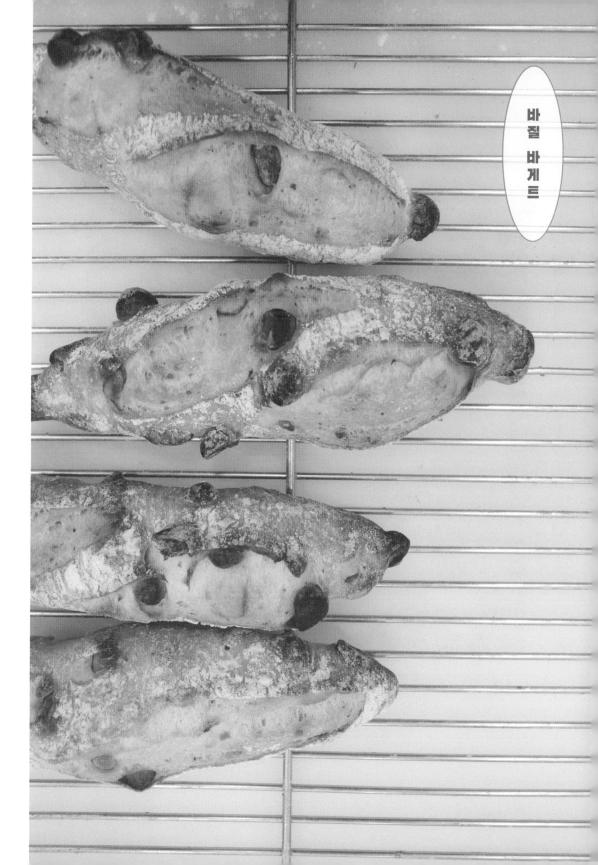

분량　10개

재료　T-65 밀가루 1000g / 물 720g / 저당 이스트 2g / 갤랑드 소금 21g / 마카다미아 20g / 바질 페이스트 400g

① 믹서기에 밀가루와 물을 넣고 30초 정도 돌린다.

② 비닐로 표면을 덮고 18분가량 오토리즈 단계를 거친다.

③ 믹서기를 1단에 놓은 상태에서 이스트를 넣고 1분 정도 돌린 뒤, 갤랑드 소금을 넣고 2분 더 돌린다.

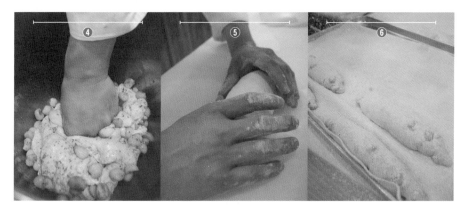

④ 반죽을 꺼내어 마카다미아와 바질페이스트를 넣어 골고루 혼합한 뒤, 올리브오일을 바른 컨
   테이너에 넣고, 약 12시간 냉장실에서 발효한다.
⑤ 발효가 끝나면 200g씩 분할하여 타원형으로 성형하고 20분가량 중간 발효한다.
⑥ 작은 바게트 모양으로 다시 성형하고 바게트 천에 놓은 상태에서 50분 동안 2차 발효한 다
   음, 칼집을 넣어 230도로 예열된 오븐에 넣어 20~23분 정도 굽는다.

Tips

1 발효 과정에서 반죽에 힘이 없으면 주먹으로 살짝 펀치해야 한다.

2 만들기 전날, 마카다미아에 바질페스토를 섞고 냉장 숙성을 해두면 더욱 맛이 좋다.

3 바질페스토는 시판 중인 제품을 사용해도 무난하다.

4 바게트 반죽을 이용해 취향에 맞는 견과류나 건과일을 넣어 다른 모양으로 구우면, 색다른 재미를 느낄
  수 있다.

퍼지 초콜릿 케이크

분량 2개 (지름 21cm 기준)
재료 달걀 흰자 180g / 설탕A 78g / 과나하 발로나 초콜릿 290g / 버터 290g / 코코아파우더 100g /
      달걀 노른자 180g / 설탕B 156g

① 믹서기에 흰자와 설탕A를 넣어 단단한 질감의 머랭을 만들어 둔다.
② 초콜릿과 버터를 중탕으로 녹인다.

③ 중탕으로 뒤섞은 노른자와 설탕B를 휘핑한다.
④ ②에 코코아파우더를 넣는다.
⑤ ④에 ③을 넣고 섞어준다.

⑥ ⑤의 반죽에 머랭을 2회로 나누어 섞어준다.

⑦ 2개의 케이크 틀에 520g씩 팬닝하여, 155도에서 28분가량 굽는다.

⑧ ⑦을 완전히 식힌 다음 남은 반죽을 200g씩 팬닝하고, 다시 동일한 온도에서 10분가량 한번
   더 굽는다.

⑨ 데커레이션을 위해 휘핑한 생크림을 올리거나 코코아파우더를 뿌려 완성한다.

Tips
1 초콜릿의 중탕 온도는 50도 정도가 적당하다.
2 노른자가 너무 차가우면 초콜릿이 굳어버릴 수 있으므로 실온 상태로 보관해야 한다.
3 노른자를 한꺼번에 너무 많이 섞으면 분리가 일어나는데, 살짝 분리되는 현상은 머랭이 들어가면 안정화   된다.

분량 2개

재료 강력분 200g / 설탕 12g / 생이스트 5g / 우유 150g / 소금 4g / 버터 15g / 공주 밤 600g

① 믹서기에 버터와 소금을 제외한 모든 재료를 넣고 완전히 혼합되어 덩어리가 될 때까지 돌린다.

② 소금과 버터를 순차적으로 넣고 반죽에 골고루 스며들 때까지 믹싱한 다음, 따뜻한 실온에서 1시간 동안 1차 발효한다.

③ 발효하는 동안 소보루를 만들어 놓는다.

④ 숙성된 반죽을 180g씩 분할하고 15분가량 중간 발효를 한 다음, 밀대로 밀어 넙적하게 만든다.

⑤ 300g씩 밤을 넣고 성형한다

⑥ 빵틀에 넣고 위에 칼집을 낸다.

⑦ 소보루를 위에 올린다.

⑧ 220도로 예열한 오븐에 30~35분가량 소보루가 노릇노릇해질 때까지 굽는다.

Tips

1 밤이 많이 들어가는 레시피이므로 안 구워진 밤이 있을 수 있기 때문에 안쪽이 익었는지 꼭 확인해야 한다.

2 성형하고 굽기 전에 가운데 칼집을 넣고 소보루를 토핑해야 열기가 골고루 전달된다.

3 소보루*는 박력분 288g, 설탕 138g, 물엿 18g, 달걀 노른자 36g, 부드러운 버터 144g, 밤 페이스트 96g
을 모두 볼에 넣고 손으로 비벼가며 혼합해 만든다.

메이드 바이
베이커

made by
BAKER

프릳츠 커피 컴퍼니

프릳츠 커피 컴퍼니

Baker 허민수

"베이커리, 그 이상"

"'프릳츠'라는 브랜드의 가치"

"누구에게는 추억, 다른 누구에게는 새로움"

멜버른에 있는 동안 커피에 눈뜨면서 카페에
머무르는 시간이 행복했다. 더 오래 있고 싶었고
커피 한 잔으로는 부족했다. 그렇다고 세 잔 이상을
마시기엔 왠지 모를 부담스러움. 결국, 디저트
카페라든가 베이커리 카페처럼 커피와 함께 먹을
수 있는 사이드 메뉴가 있는 카페를 더 선호하게
되었다. 디저트나 빵도 커피만큼 중요해지기
시작했다. 사실 웬만한 카페에서는 스낵까지 함께
즐길 수 있었지만 선택의 폭이 그리 넓지 않아 좀
아쉬웠다. 어느 순간 좀 더 폭넓은 선택을 할
수 있는 곳이 있으면 참 좋겠다고 생각했는데,
카페 시장이 넓어지면서 지금은 한국에서도 아주
만족스러운 카페들을 쉽게 찾을 수 있게 되었다.
그리고 그들 중 '프릳츠 커피 컴퍼니'는 단연
독보적이다. 무르익은 존재감으로 4년 넘게 수많은
팬들의 안식처가 되고 있는 이곳을 빼놓을 수 없다.

Y.
_____
Baker

　　　허민수 베이커를 볼 때마다 느끼는 건 빵에 대한 그의 자부심과 즐겁게 일을 하는 여유 있는 모습이다. 셀 수 없을 만큼의 결정과 고민을 해야 하는 위치에 있기 때문인지 생각하고 마음먹은 일에 대한 실천력과 사업에 대한 이해력이 높다. 풀이하자면, 한 가지 일을 열 가지 방향으로 연구해 방법을 찾으려는 진지함을 갖고 있다는 말이다. 이런 태도와 일관됨으로 그의 '오븐과 주전자'는 단골 손님이 많았다. 또한 실력 있는 젊은 베이커로서 다른 분야의 전문가들과도 잘 어울리며 재미와 의미를 동시에 추구하는 프로젝트를 마다하지 않았는데, 우연히 '윈도우 베이커리' 이벤트에서 자신과 추구하는 바가 비슷한 김병기 바리스타를 만나면서 커리어를 성장시킬 수 있는 전환점을 맞이했다. 그렇게 '프릳츠'의 멤버이자 베이커리 책임자로 힘을 합치게 되었는데 그러면서 '오븐과 주전자'와 병행하기 힘들어졌고 어느 쪽에도 온전히 집중할 수 없게 되었다.

'프릳츠 커피 컴퍼니'를 선택한 그의 판단은 적중했다. '숍인숍'의 개념이 아닌 브랜드 전체를 아우르는 '숍투숍'으로서, 커피와 빵의 시너지를 이루고 있기 때문이다. 한편으로, 이처럼 균등하고 오밀조밀한 박자를 맞추기 위해 커피는 커피대로 빵은 빵대로, 각 파트에서 얼마나 노력했을지 감히 짐작해본다. 손님과 직접 눈을 마주치며 고객 만족 서비스를 추구해야 하는 민첩한 바리스타와, 한겨울에도 반팔을 입어야 할 만큼 뜨거운 오븐 앞에서 다양한 공정을 판단해야 하는 베이커의 호흡이 척척 맞아야 가능한 일이다. 이를 위해, 분명 직원들을 대상으로 상당한 교육과 지침이 있었을 텐데, 유난히 베이커리 파트의 허민수 베이커가 남달라 보이는 이유가 있다.

일단, 세분화된 커피 섹션의 바리스타, 커퍼cupper들과 달리 빵은 전적으로 허민수 베이커의 책임 아래 움직인다. 넓은 공간과 고가의 장비가 필요하고 수십 가지 재료들의 인앤아웃in and out 등을 처리해야 하며, 무거운 재료와 프렙을 다뤄야 하는 육체적인 어려움이 따른다. 이 때문에, 그는 구성원들의 직업의식이 매우 중요하다고 강조했다. 프릳츠의 베이커리가 경험 삼아 한 번 도전해서 자신의 길인지 아닌지를 확인하기 위해 거쳐 가는 지점은 아니길 바란다고. 이와 연관되어 그가 한 말이 떠오른다.

"적어도 이곳에서만큼은 베이커를 직업으로 선택한 사람들이 생활과 경제력에 문제없이 행복하게 일할 수 있길 바란다."

이렇듯 목표가 뚜렷한 이들로 구성된 '프릳츠커피컴퍼니'의 베이커리 팀은 커피 팀이 만드는 커피와 함께 환상의 페어링을 자랑하는 최적의 빵만을 생산하고 있다.

　　　허민수 베이커가 정리해준 '프릳츠 커피 컴퍼니'의 인테리어 컨셉트는 '한국적인 빈티지'이다. 카페를 좋아하고 자주 찾아다니는 연령대를 고려한다면, 아마도 이곳의 오래된 감성과 이질감이 다소 생경하면서도 즐거운 호기심일 것이다. 공덕역 근처의 1호점을 예를 들어보자. 대로변과 조금 떨어진 골목에 이렇게 크고 오래된 양옥집이 있었나 할 정도로, 위치에 놀라고 튼튼한 골격과 지하부터 옥상까지 펼쳐진 규모에 눈이 휘둥그레지면서 주문을 깜빡 잊을지도 모른다. 더불어 그 안을 채운 소품과 가구들은 잔잔하고 무겁기까지 하다. 안국역 근처의 2호점은 훌륭한 예술작품이 숨쉬는 갤러리에 위치해, 한옥 구조물에서 커피를 마시고 현대적인 건물에서 주문을 하도록 되어 있다. 3호점은 건물을 통째로 사용하고 있는데, 층마다 분위기가 살짝 다르지만 전체적으로 1호점의 스타일을 확장시킨 느낌이다. 이런 반전의 매력과 시간의 오래된 흔적, 그리고 맛있는 커피와 빵 때문에 종종 외국에서 친구들이 놀러 오면 '프릳츠커피컴퍼니'를 자랑스럽게 소개하고 있다.

허민수 베이커는 커피와 빵이 모름지기 서양 문물이고 한국인이 아닌 외국인의 습관이자 생활이기 때문에, 세련되고 고급스러운 이미지보다 매력적인 7,80년대 한국적인 캐릭터를 이입했다고 설명했다. 개인적으로는 고궁과 근접해 있고 독특한 아우라가 느껴지는 2호점이 좋고, 조용히 책을 보거나 일을 할 때 풍성한 빵과 커피 향을 맡고 싶으면 양재동으로 향한다. 참고로, 2호점에서만 만날 수 있는 고혹적인 컬러의 커피잔은 김병기 바리스타가 특별히 주문 제작한 것이다.

유기농 밀가루와 최고급 재료를 쓰며 정성을 다해 만든 다는 말은 더 이상 허민수 베이커가 '프릳츠 커피 컴퍼니'의 빵을 자랑하는 요소들이 아니다. 수준 높아진 한국 베이커리 시장에 있어 이는 너무 당연한 조건이 되었기 때문이다. 대신 빵에 대한 그의 철학에 차별점이 있다. 다름 아닌, '커피와 잘 어울리는 빵'이다. 거의 모든 빵이 커피와 궁합이 맞지만, 허민수 베이커는 여기에 '한국적인, 한국 사람이라면 누구나 좋아하는 빵'이란 기준을 추가했다. 그래서 카페에는 단팥빵과 소보로빵, 슈크림빵, 소시지빵, 사라다빵과 같은 고전古傳과 함께 그가 만들고 싶은 바게트, 깜빠뉴, 페이스트리 등의 신흥 강자들이 있다. 비록 디저트라고 부를만한 케이크 종류는 없으나 이를 대신할 수 있는 쿠키와 크림 필링의 아이템들이 많이 있어서 그다지 아쉽지는 않다. 오히려, 퍽퍽하고 아무 맛이 없을 것 같은 깜빠뉴를 슬라이스 해서 먹으면 커피를 즐기는 방법이 확장되는 효과가 있다.

가끔 커피는 언제나 마실 수 있지만 왜 빵은 그럴 수 없는가에 대한 아쉬움이 생기는데, 12시 이후에 모든 빵이 나오는 '프릳츠커피컴퍼니' 역시 예외가 아니다. 어쩌다 늦은 오후 시간을 훌쩍 넘기면, 사고 싶은 빵을 못 사는 경우가 빈번한 것. 그럼에도 빈손으로 발길을 돌릴 수 없는 건 어떤 빵을 사더라도 이곳에서의 커피 타임이 만족스럽기 때문이다.

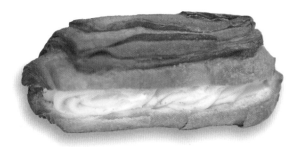

크림크루

세 개의 지점을 가진 '프린츠 커피 컴퍼니' 중, 상대적으로 도서실 같은 분위기를 가진 양재점에 잘 가는 편이다. 그곳에서 얼마 전까지만 해도 존재를 몰랐던 생경한 이름의 빵을 하나 알게 되었으니, 빵이 크림을 감싼 모양의 크림크루였다. 기존 상품인데 일찍 매진되어서 몰랐던 것이다. 아무튼, 노릇노릇한 결마다 빳빳한 페이스트리 감촉이 드러난 반죽과 마스카포네치즈가 들어간 슈크림의 자태가 예사롭지 않아 보였다. 게다가 살며시 베어 물면 값비싼 재료들의 맛을 음미할 새도 없이 순식간에 사라져버리는 '녹는' 맛이었다. 담백하고 고소한 크림이 낙엽처럼 우수수 떨어지는 페이스트리에 말려 있고, 크기도 크지 않아 커피와 함께하는 오후 간식으로 먹었더니 얼마나 적합하던지. 크림크루를 먹을 때마다 나는 마치 크림빵을 게걸스럽게 먹는 아이처럼 아랑곳지 않고 먹는다.

사라다빵

어릴 적 동네 빵집에서 먹던 것보다 더 맛있게 느껴지는 '프릳츠커피컴퍼니'의 사라다빵. 레시피에도 소개된 이 빵은 버터가 많이 들어간 '도나스' 반죽을 이용해 만들어서인지 어찌나 촉촉하고 찰진지 모르겠다. '사라다' 필링은 누구나 만들 수 있다지만 빵 반죽은 그럴 수 없기에 이런 맛이 나는 것일 텐데, 배고픈 날이면 두세 개 정도는 아무렇지 않게 먹곤 한다. 하루 지나도 맛있고 우유와 먹으면 든든한 식사로도 만족스럽다. 종종 밥이나 샌드위치 대신 고로케의 바삭바삭한 질감과 새콤하고 신선한 야채의 아삭한 맛이 그리울 때, 이 빵은 나의 맛있는 구세주가 된다.

Information Ⓐ 서울 서초구 강남대로37길 24-11 Ⓣ 02-521-4148 Ⓗ 10:00~22:00, 연중무휴

Behind Story

***

#1

처음엔 이 책에 '프릳츠 커피 컴퍼니'를 넣어야 할지 살짝 고민했다. 커피 전문점과
베이커리의 비중이 사람마다 주관적으로 다를 수 있고, 한 명의 오너가 아닌 여러 명이라
독립해서 이야기해도 될지 판단이 잘 서지 않았기 때문이었다. 또, 몇 년 전 이곳의
바리스타들을 인터뷰했었기에 반복되는 느낌도 들었다. 그러나 허민수 베이커와의 인연이
'오븐과 주전자'에서부터였고, 빵 업계의 인지도가 남달랐기에 다른 레벨의 비즈니스를
시작한다고 했을 때, 그가 펼쳐 보일 베이커리가 정말 궁금했다. 다행히 이번 인터뷰에
적극적으로 참여해주었고 덕분에 빵에 대한 그의 관점을 다시 한번 확인할 수 있는 계기가
되어 의미가 깊었다.

#2

3개의 지점이 있는 '프린츠 커피 컴퍼니'의 촬영 장소는 양재동에 있는 3호점이었다.
하지만 촬영 일정을 잡기가 쉽지 않았다. 1호점인 도화동에서의 인터뷰 이후 레시피 촬영
장소를 3호점으로 정해놓고 오픈을 마냥 기다린 신세가 된 것. 수입해야 하는 장비의
수급이 늦어졌고, 오픈을 위한 세팅이 어느 정도 되어야 해서 인터뷰와 촬영 사이의 갭이 꽤
길었다. 하지만 그의 말대로 가장 넓은 주방과 최적의 설비를 갖춘 곳에서 진행을 할 수 있어
여러모로 흥미로웠다. 특히 바게트를 비롯한 루스틱과 같은 린도우lean dough 반죽을 대형
오븐에 넣기 전 스코어링scoring 하는 모습은 마치 외국의 유명 베이커리에서 봤던 베이커들의
그것과 매우 흡사했다.

#3

허민수 베이커에 의하면, 아무리 인기가 좋은 빵이라도 커피 팀에서 그 빵을 더 만들어달라는
요청을 하지 않는다고 한다. 메뉴 트리밍trimming은 퀄리티컨트롤이 가능한지의 여부에 따라
그가 최종 결정을 하므로, 특정 빵의 수급 변동은 일관된 편. 새로운 메뉴 개발은 베이커리 팀의
구성원이 일의 흐름에 익숙하고 정형화되었을 때 한다. 이외, '프린츠커피컴퍼니' 지점마다 빵의
라인업이 조금씩 다른데, 양재점인 3호점의 스펙트럼이 가장 넓다.

브리오슈 식빵

분량 2~3개
재료 유기농 강력분 500g / 소금 11g / 생이스트 22g / 설탕 60g / 달걀 200g / 물 125g / 버터 150g

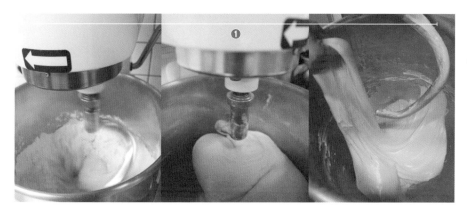

① 버터를 제외한 모든 재료를 믹서기에 넣고 저속에서 골고루 혼합되도록 5분가량, 고속으로
8분 정도 더 돌린다.

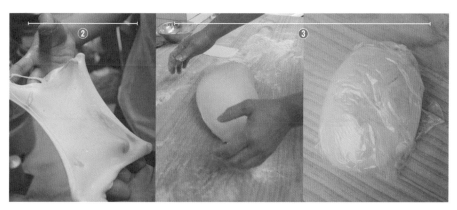

② 버터를 넣고 저속에서 8분 정도 돌리고 중속에서 5분 정도 돌린다. 고속으로 1분 더 섞어 주
고 반죽을 한번 살핀다. 중요한 점은 시간보다 반죽의 상태를 봐가며 조절하는 것이다. 이상
적인 반죽은 글루텐이 적당히 형성되는 것으로 조금 떼어 늘려보고 판단해야 한다. 이때, 반
죽의 온도는 28도 이하로 맞춘다.

③ 원하는 크기대로 분할하고 둥글리기 한 다음 비닐에 넣어 냉동실에 하룻밤 숙성한다.

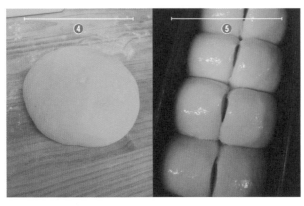

④ 냉장실에서 완전히 해동한 반죽의 공기를 빼주고 실온에서
   20~30분가량 휴지시킨다.

⑤ 가정용 숙성 장비가 있다면 온도 32~35도, 습도 70~80%
   로 맞추고, 없다면 오븐 옆이나 가장 따뜻한 곳에서 30~40
   분 정도 2차 발효한다. 패닝 후 에그워시egg wash 하고, 180도
   로 예열된 오븐에서 표면이 연한 갈색이 될 때까지 20분 정
   도 굽는다.

Tips

----

1 반죽을 돌릴 때, 얼음물이나 얼음 수건으로 믹싱볼을 차갑게 하
  면 지방이 단백질과 분리돼 형성되는 층으로 인해 더욱 부드럽
  고 진한 텍스처를 얻을 수 있다.

2 옵션으로 에그워시 한 다음 위에 슈거볼을 뿌린다.

사
라
다
빵

분량   8개
재료   브리오슈 반죽 400g / 사라다 필링 640g

① 브리오슈 식빵 만드는 방법 ③에서 해동한 반죽을 50g씩 분할한 다음, 이후의 과정을 동일하
   게 진행한다.
② 반죽에 물을 묻힌다.
③ 빵가루가 담긴 볼에 반죽을 넣고 위아래로 돌려가며 골고루 묻힌다.

④ 170도로 달궈진 기름에 반죽을 넣어 앞뒤로 노릇노릇하게 튀긴다.

⑤ 도나스가 식는 동안 사라디 필링을 준비한다.

⑥ 도나스를 반으로 자르는데, 이때 완전히 절개하지 않도록 주의하자.

⑦ 사라다 필링(80g)을 넣어 마무리한다.

Tips

사라다 필링을 만드는 것은 간단하다. 양배추 422g과 당근 45g을 얇게 채 친다. 커다란 볼에 다듬은 재료를 넣고 케찹 85g, 마요네즈 85g을 넣어 손으로 골고루 섞는다.

소
보
루
빵

분량   10개
재료   **과자빵 반죽** (500g) – 유기농 강력분 500g / 소금 7g / 설탕 125g /
        생이스트 19g / 물 235g / 생크림 25g / 버터 50g /
        달걀 100g
       소보루 토핑 – 버터 150g / 땅콩버터 150g / 설탕 375g / 달걀 25g /
        유기농 박력분 500g / 베이킹파우더 3g / 베이킹소다 3g /
        땅콩 분태 500g

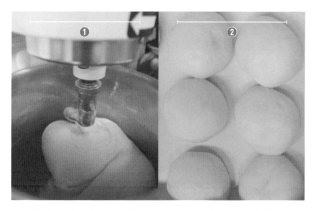

① 버터를 제외한 모든 재료를 믹서기에 넣고 저속에서 골고루
   혼합되도록 5분가량 돌린 다음, 버터를 넣고 저속에서 4분
   돌리고 중속에서 6분을 더 돌린다. 고속으로 1분을 돌린 뒤
   반죽을 한번 살핀다. 중요한 점은 시간보다 반죽의 상태를
   봐가며 조절하는 것이다. 이상적인 반죽은 글루텐이 적당히
   형성되는 것으로 조금 떼어 늘려보고 판단해야 한다. 이때,
   반죽의 온도는 29도가 최적이다.
② 50~80분가량 실온에서 반죽을 휴지시킨다. 숙성된 반죽을
   50g씩 분할하여, 20~30분가량 휴지시킨다. 가정용 숙성 장
   비가 있다면 온도 30~32도, 습도 70~80%로 맞추고, 없다면
   오븐 옆이나 가장 따뜻한 곳에서 1시간 정도 2차 발효한다.

③ 소보루 토핑을 재료를 준비한다

④ 버터와 땅콩버터, 설탕을 믹서기에 넣고 패들로 섞는다. 달걀을 2회로 나눠 넣고 설탕 입자
가 작아지고 반죽 색깔이 연해질 때까지 계속 돌린다.

⑤ 체에 친 밀가루와 베이킹파우더, 베이킹소다, 땅콩 분태를 넣은 볼에 ③을 넣고 서로 잘 섞
이도록 손으로 비벼준다.

⑥ 다음 준비된 반죽을 꺼내 반죽의 공기를 빼주기 위해 동글리기 하며 50g씩 분할하여 모양을
잡아준다.

⑦ 손가락으로 반죽을 잡고 물을 살짝 묻혀 소보루를 묻힌다.

⑧ 190도로 예열된 오븐에서 표면이 연한 갈색이 될 때까지 6분 정도 굽는다.

Tips

1 버터는 차가운 상태의 단단한 것을 사용하므로 손반죽보다 기계 반죽이 용이하다.

2 이 과정을 충분히 해야 하는 이유는 공기와의 접촉 시간이 길수록 마찰력에 의한 분해가 일어나고 그 열
로 인해 설탕이 녹아 반죽이 가벼워지면서 색이 옅어지기 때문이다.

3 사용하고 남은 소보루 토핑은 지퍼백에 넣어 냉동실에 보관하면 재사용할 수 있으며, 이때 상온에서 완전
하게 해동시켜야 한다.

무화과 깜빠뉴

분량   2개
재료   유기농 강력분 450g / 유기농 호밀 레드밥 50g / 가루몰트 5g / 물A 400g / 저당 이스트 1g /
소금 8g / 물B 10g / 반건조 무화과 120g

① 물B를 제외한 모든 재료를 믹서기에 넣고 저속에서 골고루 혼합되도록 5분가량 돌린 다음,
오토리즈 과정을 위해 80분 동안 놓아둔다. 이후, 저속으로 10분 정도 돌리고 물B를 넣은
뒤 고속으로 90초 정도 더 돌린다. 중요한 점은 시간보다 반죽의 상태를 봐가며 조절하는 것
이다. 이상적인 반죽은 글루텐이 적당히 형성되는 것으로 조금 떼어내 늘려보고 판단해야
한다. 이때, 반죽의 온도는 25도가 최적이다. 60분 휴지시키고 펀칭한 다음 냉장실에서 숙
성한다.

② 반죽을 250g으로 분할하고 30~40분 동안 휴지시킨다.
③ 반죽 온도가 18도가 되면 적당한 크기로 자른 무화과를 넣어 반죽한다.

④ 오벌oval 형태로 성형하고, 실내에서 수분 없이 60~80분 동안 발효한다.
⑤ 오븐에 넣기 전, 스코어링을 하고 스팀을 넣은 다음 180도에서 30~35분 동안 굽는다.

Tips

---

1 실내에서 발효할 때, 반죽을 캔버스 재질의 바게트 천에 올린 상태에서 놓
   아야 모양이 제대로 잡힌다.
2 수분 없이 하는 발효를 건(乾)발효라고 하며, 깜빠뉴를 굽기 직전에 실시하
   도록 한다.
3 호두 크랜베리 버전으로 만들려면 크랜베리와 호두를 각각 30g씩 넣어 반
   죽과 섞으면 된다.

호두초코쿠키

분량 30개
재료 버터 400g / 설탕 300g / 소금 약간 / 달걀 200g / 유기농 박력분 550g / 베이킹파우더 20g /
호두 200g / 초코칩 500g

① 버터와 설탕, 소금을 부드럽고 연한 포마드 상태가 될 때까지 믹서기에 돌린다. 이때, 휘퍼 대신 패들을 사용한다.

② ①에 달걀을 소분하여 혼합하는데, 노른자부터 넣고 그다음 흰자를 넣는다.

③ 체에 친 밀가루와 베이킹파우더를 ②에 넣어 섞고 가루 재료가 안 보이면 호두와 초코칩을 넣어 섞일 때까지만 살짝 돌린다.

④ 더스팅dusting 한 테이블에 반죽을 꺼낸다.

⑤ 75g씩 분할하여 실리콘 시트를 올린 팬에 교차하여 놓는다.

⑥ 190도로 예열된 오븐에서 약 13~15분 돌린다.

Tips

1 취향에 따라 다른 추가 재료를 넣을 수 있지만 가루일 경우엔 수분을 더 많이 넣어야 하므로 레시피를 조절할 필요가 있다.

2 초코칩 대신 커다란 블록 초콜릿을 잘라 사용해도 좋다.

3 소금의 양은 한 꼬집pinch 정도이며, 달짝지근한 맛을 상승하는 작용으로 넣는 것이다.

4 포마드 상태를 쉽게 만들기 위해 부드러운 버터가 좋은데, 만약 버터가 아주 차갑다면 충분히 녹인 다음 사용하도록 하자.

메이드 바이
베이커

made by
BAKER

미미롱

10

대략 5년 전만 해도 후암동에 갈 일이 없었다. 어떤
사람들은 동네의 존재조차 잘 몰랐고, 나 역시
이름만 알고 있을 뿐 호기심이나 일과의 연관성은
전혀 없었다. 하지만 지금은 오히려 이곳에 더 많은
카페와 콘텐츠들이 생기길 바라는 마음이 생겨났다.
마치 맛있는 디저트와 커피를 즐기는 것이 삶의
유일한 낙인 것처럼 취향에 맞는 카페가 있으면
두루두루 다녔던 시절, 우연히 '소월길 밀영'을
알게 되면서부터다. 그 무렵, 동네에는 멋진 카페와
레스토랑도 하나둘씩 생겨나는 추세였다. 더불어,
첫 책의 인터뷰에 응해준 카페의 오너 부부로 인해
개인적으로도 친숙해진 느낌이었다. 그런데 최근
카페에서 혼자 일하는 남편과 별개로 아내 김미영
파티시에가 디저트숍 '미미롱'을 오픈했다.

미 미 롱

patissier 김미영

"에브리데이 무스케이크"
"고급스러운 디저트가 숨어있는 소박한 공방"
"후암동 '소월길 밀영'의 세컨드 혹은 퍼스트"

Patissier

손재주가 뛰어난 전직 디자이너가 직장을 그만둔 다음 새로운 도전을 하게 될 때, 직업의 카테고리를 보면 보통 미적인 감각을 상당히 필요로 하는 일을 택한다. 심미적인 통찰력을 기본으로 탑재해서인지는 몰라도, 그들의 취미 또한 요리와 그림, 꽃꽂이, 목공과 가죽공예 등의 실용성까지 두루 갖춘 경우도 자주 봐왔다. 새삼 놀랍지는 않다. 인간은 아름다움에 마음을 빼앗기는 법이니까. 특히 디저트를 만드는 일은 시각과 미각, 감성을 동시에 자극하기 때문에 더욱 열광하게 되는 것 같다. 더불어 실용적인 경제적 활동이 가능한 스펙트럼이 넓은 일이라는 장점도 있다. 김미영 파티시에 역시 디자이너 출신으로 취미로 베이킹을 배웠다. 매너리즘에 빠지고 지쳐가는 일상에 주말마다 배우는 케이크와 빵은 큰 즐거움이 되었다고. 그냥 스쳐 가는 바람이기엔 몹시 열정적이었고 자아실현의 동기가 확고해진 그녀는 본격적으로 디저트 수업을 듣기로 했다.

이후 그녀는 나카무라 아카데미에서 전문가 과정을 수료한 뒤, 소규모 베이킹 클래스를 틈틈이 운영하기 시작했다. 차분하고 꼼꼼한 성격 덕분에 강의는 반응이 좋았고 그녀가 만든 디저트는 두말할 나위 없이 인기가 많았다. 그리하여 마침내, 조용한 후암동에 그녀를 닮은 '소월길 밀영'을 오픈하면서 오너 파티시에로서의 바쁜 나날을 보내게 되었다.

그러나 막상 혼자의 힘으로 케이크를 만들고 카페까지 도맡아 하려니 육체적인 한계에 부딪쳤던 어느 날, 결국 카페를 남편에게 일임하고 제작과 디저트 클래스에만 집중하기로 했다. 한편, 깔끔하고 정갈한 일본식의 디저트를 선보였던 '소월길 밀영'은 후암동에서 찾기 힘든 고급 디저트 카페로 소문이 났고, 시간이 지남에 따라 운영이 어느 정도 안정화 단계에 이르렀다. 당근 케이크와 딸기 케이크 등이 맛있는 카페로 유명해지자 후암동을 찾는 이들의 발길도 덩달아 증가했다. 자연스럽게, '밀영'이라는 닉네임으로 김미영 파티시에의 이름이 알려졌고, 이런저런 프로젝트와 다른 카페의 메뉴 컨설팅 제의가 들어오면서 그녀는 평균 이상의 일과로 인해 다시 바빠졌다. 시나브로 소중한 경험과 지인들도 차곡차곡 늘어났다. 이렇듯 108계단 위의 공방에서 열심히 케이크를 만들고 베이킹 수업을 하던 그녀가 최근 스스로를 위해 다시 호흡을 가다듬고 있다. 다름 아닌, 혼자 컨트롤할 수 있는 규모의 소박한 디저트숍 '미미롱' 프로젝트를 꿈꾸고 있는 것이다.

Café

　　사실 디저트숍 '미미롱'은 글을 쓰는 이 시점(2018년 3
월)에도 아직 공식 오픈을 하지 않은 상태이다. 작년 가을부터 예상치 못한 일들이 터져버
린 탓이다. 김미영 파티시에의 무스 케이크를 먹어본 나를 포함해 기다리는 이들이 많은
데 마음대로 되지 않으니 오너의 마음은 오죽 복잡할까 싶다.

잘 알다시피 혼자의 힘으로 가게를 운영하기란 쉽지 않다. 규모가 작고 아이템이 확고하
니 무슨 문제일까 싶지만, 이는 겪어본 사람들만 아는 현실. 게다가 김미영 파티시에는 '소
월길 밀영'의 이름으로 납품되는 다양한 아이템을 관리해야 하고 소수 정예로 구성된 디저
트 클래스도 운영하고 있다. 몸이 열 개였으면 좋겠다는 그녀의 말이 고단함을 말해준다.
그럼에도, 간결함을 미덕으로 따뜻함과 포근함이 가득한 '미미롱' 카페에는 뜬금없이 방문
하는 이들이 종종 있다. 그녀가 만드는 케이크와 구움과자, 쿠키의 유혹을 그냥 지나칠 수
없는 사람들의 발걸음이다. 108계단 건물에서 가장 튀는 외관과 아늑함을 보유한 숍이기
도 하고, 달짝지근한 향기가 흘러나오는 아지트 같은 이 장소를 궁금해하지 않을 사람이
거의 없기 때문이다. 다만 규모가 그리 크지 않은 데다가 공간의 2/3가 주방이다 보니 앉
아서 먹을 수 있는 테이블이 마땅하진 않다. 만약, 그녀의 디저트를 편히 먹을 수 있는 곳
을 찾는다면 후암동 종점 정류장 입구에 있는 '소월길 밀영'이 대안. 숍에는 방문한 이들의
시선이 머무는 곳이 있는데, 그녀가 오랜 시간 동안 수집해 모은 베이킹 플레이트와 여행
지에서 사 온 이국적인 티팟tea pot 세트들이 진열된 한쪽 벽면이다.

전반적으로, 완벽히 세팅된 숍이라기 보다 김미영 파티시에의 작업실 겸 주방에 들어온
기분이 드는 '미미롱'. 이곳을 즐길 수 있는 개인적인 제안을 하나 하자면, 기온이 따뜻하
고 공기 맑은 어느 날, 후암동 108계단에 올라 '미미롱'에 잠시 들른 다음, 진득한 풍미의
무스 케이크와 홍차를 주문하고 작은 테라스 의자에 앉아 남산을 바라보는 것이다. 기대
이상의 평화로움과 색다른 전망에 가벼운 기분 전환을 보장할 수 있다.

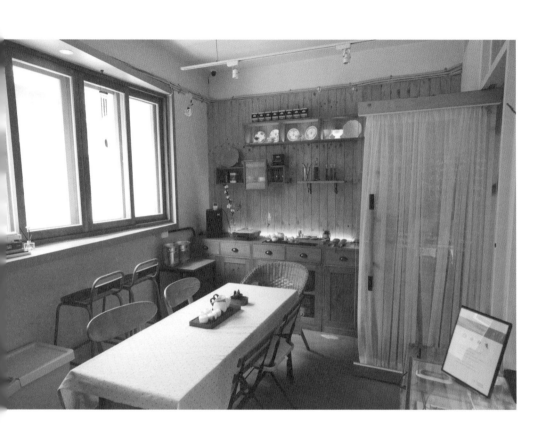

공정이 까다롭고 섬세한 터치를 요구하는 무스 케이크 전문점이 늘어나는 추세다. 생크림 케이크를 위주로 판매하는 카페에도 무스 케이크 종류가 한두 가지 정도 있는 곳이 많아졌다. 빵집에 비유하면 사우어도우 빵만 파는 곳도 생기고 빵에 필링이나 토핑을 넣어 팔던 동네 빵집들이 시골빵을 만들어 달라진 소비 니즈를 충족하고 있는 셈이다. 김미영 파티시에는 '소월길 밀영'과 '미미롱'을 통해 이 두 가지를 모두 실천하고 있는 중.

무엇보다 '미미롱'의 무스 케이크는 파티시에의 기교와 기발한 아이디어가 돋보인다기보다 클래식한 방법과 재료의 정직함이 전해진다. 원칙대로 만들기 때문에 일정하고 빈틈이 없으며 단순하고 세련되었다. 하지만, 숍의 위치와 혼자 만드는 여건 등의 이유로 무스 케이크의 종류는 제한돼 있다. 단지, 기본적이고 이곳의 시그니처라고 부를 수 있는 아이템 외에 계절이 담긴 과일과 테마를 중심으로 몇 가지의 배리에이션이 첨가될 계획. 많은 사랑을 받고 있는 피낭시에와 마들렌 같은 구움과자는 이곳에서만 즐길 수 있는 버전으로 나와 있고, '소월길 밀영'에서 인기 높은 머랭쿠키를 '미미롱'에서도 만날 수 있다.

더블 프로마주 무스

케이크 같은 디저트 촬영이 거의 없었던 데다가 파티세리 과정을 공부한 관계로 '미미롱'에서의 촬영은 왠지 모르게 걱정되고 어려웠다. 숍 오픈 이전의 상태에서 메뉴를 결정해야 했고 김미영 파티시에의 회신만을 간절히 기다리던 시간이 있었는데, 어떤 메뉴일지 정말 궁금했다. 막상 촬영 당일, 더블 프로마주 무스 케이크를 준비하니 옛날 케이크 만들던 추억이 떠올라 정말 신나게 찍을 수 있었다. 피낭시에와 봉봉은 이미 '소월길 밀영'에서 먹어봤던 아이템이라 무스 케이크의 관심이 컸다. 치즈를 좋아하는 편이라 더블 프로마주 무스 케이크를 유심히 보았고, 생각보다 과정이 어렵지 않아 그녀의 손놀림을 주의 깊게 관찰했다. 그리고 아니나 다를까. 결과물은 눈부시도록 아름다웠다. 옅은 크림색의 치즈 위에 장식으로 올라간 글라사주마저 영롱하게 빛났다. 맛 또한 담백하고 촉촉하여 음료 없이 그냥 먹어도 입안이 비교적 개운했다. 나는 앞으로 기존의 생일 케이크로 일관했던 딸기케이크나 치즈케이크, 혹은 초콜릿케이크의 패턴을 바꿀 작정이다. 사랑하고 고마운 이들을 위해 더블 프로마주 무스 케이크는 단연코 '누군가의 인생 케이크'가 될 테니까.

#1

가장 마지막에 촬영을 한 '미미롱'. 참 많은 일들이 일어났던 2017년을 회상하면 김미영 파티시에 역시 마찬가지 생각을 하고 있지 않을까? '소월길 밀영'에 들어가는 모든 제과제품부터 앉은뱅이밀과 우면산에서 양봉한 꿀을 이용해 만드는 '카스텔라는 언제나 오월'을 만들어 다른 카페에 납품도 해야 했고, 합정동에 있는 '볼드' 카페와 해방촌 카페 '콩밭 커피 로스터'에 들어갈 간단한 케이크와 구움과자, 쿠키도 꾸준히 생산해야 했다. 이와 동시에 '미미롱' 프로젝트를 위한 과감한 도전을 호기롭게 시도했던 그녀. 비록 뜻대로 생각한 대로 이뤄지지 않았지만 그로 인해 인생 수업을 받았고 케이터링이라는 새 개척지도 일구었으니, 이후의 활동이 몹시 기대되는 이유이다.

Information ⓐ 서울시 용산구 용산동2가 1-338 ⓣ 02-310-9551

#2

후암동 '108계단'이라고 들어보았는지? '미미롱'은 후암동 종점에서 남산으로 올라가는
높은 계단 꼭대기 왼쪽에 위치해 있다. 조만간 엘리베이터가 설치되어 주민의 일상은
한결 편리해질 것이다. 과거 눈과 비가 올 때마다 힘들게 오르락내리락 거리던 불편한
일상과 비교하면 놀라운 발전이다. 그래도 나름 오래된 동네의 얼굴이 순수해 보인 적도
있었다. 어찌 됐건 하루에도 몇 번을 '소월길 밀영'과 이곳을 들락날락해야 했던 김미영
파티시에. 가뜩이나 팔과 허리가 아픈 그녀에게 계단은 천국과 지옥을 오가는 다리였을
것이다. 인터뷰를 할 때만 해도 엘리베이터가 없었는데, 이제 곧 '미미롱'을 향한 발걸음이
가벼워지게 될 건 분명 반가운 일.

#3

후암동의 시계가 거꾸로 가진 않지만, 느리게 가는 것은 맞는 것 같다. 지리적 특성상
고층 빌딩이나 아파트를 올릴 수 없는 이유도 있고 서민들의 보금자리가 빼곡히 즐비해
있는 데다가 지역적 캐릭터가 확고한 이유 등으로 인해 급격한 변화보다 느리되 조화로운
한걸음이 더 잘 어울린다. '미미롱'의 김미영 파티시에 또한 서두르거나 조급하지 않다. 되는
대로, 흘러가는 대로 인정하고 페이스를 유지하려 애쓰고 있다. 뭔가를 많이 하기보다 하나씩
주어진 상황에 따라 가감하려는 유연성과 현실 감각. 그럼에도 '소월길 밀영'과 '미미롱'의
실질적인 동력이라는 관점에서 그녀의 삶이 꽤 이상적이고 부럽다는 생각이 드는 건 어쩔 수
없다.

아
몬
드 봉
봉

분량   6개 (60g 기준)
재료   설탕 55g / 물 20g / 아몬드 300g / 72% 카카오커버춰 150g / 카카오파우더 적당량 / 슈거파우더 적당량

① 아몬드를 170도로 세팅한 오븐에 약 15분 동안 로스팅한다.
② 동copper 냄비에 설탕과 물을 넣고, 설탕이 녹을 때까지 가열한다.
③ 로스팅된 아몬드를 ②에 넣고 센 불에서 캐러멜화될 때까지 계속 저어준다. 이때, 불을 줄이
　지 않고 아몬드에 설탕 코팅이 되고 결정화가 되어 다시 녹으면 불에서 내려야 한다.

④ 아몬드를 분당과 섞어주는데 아몬드가 서로 달라붙지 않도록 휘저어준다.
⑤ 체에 담아 잉여의 분당을 털어낸다.

⑥ 녹인 카카오커버춰를 10회 정도 나누어 코팅된 아몬드에 넣고 표면이 마를 때까지 섞어준다. 이를 반복한다.

⑦ 카카오파우더를 묻혀 완성한다.

Tips

1 볶은 아몬드 제품이라면 로스팅하지 않아도 되지만 살짝 로스팅을 하면 더욱 고소한 맛이 난다.

2 커버춰를 녹일 때, 전자레인지를 사용하면 편리한데, 전부 다 녹이지 않고 2/3가량만 녹이고 나머지는 녹은 커버춰에 조금씩 넣으면서 템퍼링tempering 한다.

3 슈거파우더가 뭉쳐 있으면 반드시 체에 걸러놓아야 한다.

4 생각보다 시간이 많이 걸리고 오랫동안 아몬드를 저어줘야 하므로 팔목에 무리가 갈 수 있으니 참조하자.

흑임자 피낭시에

분량   12개

재료   달걀 흰자 110g / 설탕 115g / 발효버터 115g / 소금 0.5g / 박력분 35g / 흑임자 페이스트 17g / 전분 5g /
       아몬드파우더 45g / 베이킹파우더 2g / 검정깨 3g

① 박력분, 전분, 아몬드파우더, 베이킹파우더를 채에 친다.
② ①을 볼에 담고 달걀 흰자와 설탕, 소금을 넣고 가볍게 풀어준다.
③ 흑임자 페이스트를 넣고 다시 휘젓는다.

④ 검정깨를 넣는다.
⑤ 녹인 발효버터를 넣고 모든 재료가 서로 충분히 흡수될 때까지 저어준다.

⑥ 피낭시에 틀에 녹인 버터를 발라 준비한다.

⑦ 묽은 반죽을 틀에 붓고 검정깨를 위에 조금 뿌린다.

⑧ 180도에서 약 15분간 굽는다.

Tips

1 굽기 전 반죽을 냉장실에서 약 1~2시간 동안 놓아두면 저온에서 안정화되면서 결과물의 풍미가 더욱 깊어진다.

2 완성한 다음 바로 먹기보다 하루 정도 지난 다음 먹으면 더욱 맛있다.

3 반죽이 매우 묽기 때문에 틀에 부을 때, 짤주머니를 이용하면 편리하다.

4 특별한 데커레이션이 필요 없지만, 슈거파우더를 얇게 뿌려도 좋다.

더블 프로마주 무스

분량 1개 (원형케이크 2호, 지름 18cm)
재료 제누아즈 1장 (두께 1cm)
  Appareil fromage : 크림치즈 200g / 설탕 68g / 박력분 8g / 전란 68g / 생크림 60g
  Mousse fromage : 달걀 노른자 56g / 설탕 65g / 물 35g / 젤라틴 5.5g / 쿠앵트로 5g /
    마스카르포네 175g / 생크림 200g
  Crème chantilly : 생크림 125g / 마스카르포네 15g / 설탕 10g

① 아빠레이 프로마쥬Appareil fromage를 먼저 준비하기 위해, 볼에 핸드믹서로 크림치즈를 풀어준다.
② ①에 설탕을 넣고 돌린다.
③ ②에 체 친 박력분을 넣고 돌린다.

④ ③에 살짝 풀어놓은 달걀을 넣고 돌린다.
⑤ ④에 생크림을 넣고 돌린다.
⑥ 2호 원형 케이크 틀에 바닥에 미리 재단한 제누아즈를 놓는다.

⑦ 완성된 치즈 반죽 ⑤를 ⑥에 부어준다.

⑧ 예열해놓은 150도 오븐에서 25분 동안 굽고 식힌다.

⑨ 그 사이, 무스 프로마쥬Mousse fromage를 만드는데, 우선 동일한 사이즈의 2호 원형 무스 틀 한 쪽 면에 랩을 씌워 준비한다.

⑩ 젤라틴을 얼음물에 약 30분 동안 불려놓는다.

⑪ 볼에 마스카르포네를 부드럽게 풀어준다.

⑫ 파타봄브pate a bombe를 만들기 위해, 달걀 노른자와 설탕, 물을 중탕에서 휘저으며 약 70도까지 온도를 올린다.

⑬ ⑫를 채반에 거른다.
⑭ 믹서기에서 휘퍼로 거품을 올린다.
⑮ ⑪에 휘핑한 파타봄브를 1/3을 넣고 먼저 섞다가 나머지 2/3을 넣고 잘 섞는다.

⑯ 젤라틴을 건져 쿠엥트로와 생크림 일부를 넣고 중탕에서 녹인 다음, 이를 ⑮에 넣고 혼합한
   다. 80% 정도 올린 생크림 1/3가량을 넣고 휘젓고, 나머지 생크림을 넣고 완전하게 섞는다.
⑰ 식힌 아빠레이 프로마쥬를 무스 틀에 넣고 그 위에 완성한 무스 프로마쥬를 올린다.

⑱ 표면을 매끄럽고 평평하게 만든다.

⑲ ⑱을 냉동실에서 12시간 이상 굳힌다.

⑳ 굳힌 케이크 위에 올릴 크렘 샹티유Crème chantilly를 준비하려면, 모든 재료를 볼에 넣고 100% 휘핑하는데 너무 빡빡하게 올라오지 않을 정도로 맞춘다.

㉑ 돌림판에 ⑲를 올리고 ⑳을 전체에 아이싱icing한다.

㉒ 슈거파우더를 뿌려 완성한다.

Tips

1 아빠레이 프로마쥬를 만드는 과정에서 핸드믹서를 이용하면 재료가 바닥에 그대로 앉아 있으므로, 주걱으로 자주 긁어서 골고루 섞이도록 해야 한다.

2 무스 프로마쥬를 만드는 과정은 쉼 없이 진행되어야 하므로 필요한 도구와 재료를 옆에 놓아야 수월하다.

3 파타봄브는 달걀 노른자로 만든 머랭 정도로 이해하면 되고, 되직해지기 직전의 농도로 맞춰야 한다.

4 냉동실에 굳힌 케이크를 뺄 때 뜨거운 물수건을 겉에 둘러 살짝 녹이면 쉽게 분리할 수 있다.

가
또
말
차
초
콜
릿
무
스

분량   1개 (사각케이크 2호, 18cmX18cm)
재료   Streusel de farine de soja – 발효버터 25g / 설탕 25g / 아몬드파우더 13g / 소금 / 박력분 32g / 콩가루 5g
       Biscuit au chocolat – 설탕 55g / 헤이즐넛파우더 45g / 전란 28g / 달걀 노른자 40g / 달걀 흰자 30g /
              설탕 25g / 박력분 18g / 코코아파우더 8g / 샐러드유(40~45도) 15g / 72% 카카오커버춰 30g
       Crème chantilly chocolat – 72% 카카오커버춰 120g / 생크림 120g / 생크림 95g
       Mousse au the-vert – 달걀 노른자 30g / 설탕 10g / 우유 100g / 젤라틴 4g / 화이트초콜릿 85g /
              말차가루 5g / 생크림 170g

① 스트리셀 드 파린 드 소야_{Streusel de farine de soja}를 먼저 준비하기 위해, 볼에 버터를 부드럽게 풀고 아몬드파우더, 소금, 박력분, 콩가루를 넣고 섞어준다.

② 손으로 살살 비벼가며 소보로 형태의 반죽을 만들고, 냉장고에서 휴지시킨다.

③ 그 사이, 비스퀴트 오 쇼콜라_{Biscuit au chocolat}의 과정을 진행한다. 우선, 2호 사이즈의 사각 무스 틀에 유산지를 감싸놓는다.

④ 볼에 설탕, 헤이즐넛파우더, 전란과 노른자를 넣고 휘퍼로 가볍게 휘저은 다음 중탕하여 반죽한다.

⑤ 다른 볼에 흰자와 설탕을 2회로 나눠가며 머랭을 올려놓는다.

⑥ 샐러드유와 초콜릿을 넣어 중탕하면서 스패출라로 잘 섞는다.

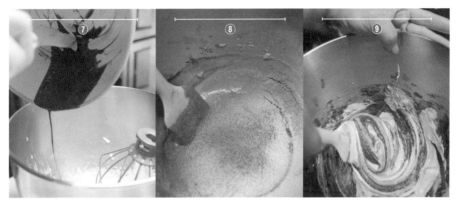

⑦ ⑥을 ④에 넣고 혼합한다.

⑧ ⑦에 박력분과 코코아파우더를 체에 걸러 넣고 휘젓는다.

⑨ ⑧에 머랭의 반을 부어 섞고, 나머지 반을 넣어 다시 골고루 섞는다.

⑩ 준비해 놓은 ⑨를 무스 틀에 붓는다.

⑪ 휴지해둔 스트리셀 드 파린 드 소야 가루를 손으로 골고루 흩트린다.

⑫ 예열한 170도 오븐에서 24분 동안 굽고 완전히 식힌다.

⑬ 칼로 가장자리를 충분히 긁어주고 틀이 빠질 정도가 되면, 아랫부분만 랩핑해 놓는다.

⑭ 크렘 샹티유 쇼콜라Crème chantilly chocolat를 만들어야 하는데, 우선 72% 카카오커버춰를 중탕하여 녹이고, 120g 생크림은 전자레인지에 따뜻하게 데워 초콜릿에 넣어 혼합한다.

⑮ 95g 생크림을 휘핑하여 80% 정도 올린다.

⑯ 녹인 72% 카카오커버춰+생크림 믹스 ⑮와 잘 섞는다.

⑰ ⑫에 ⑯을 올린 다음, 평평하게 위를 정리하고 냉동실에서 굳힌다.

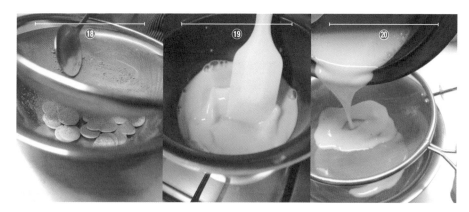

⑱ 마지막 레이어 단계인 무스 오 떼베르Mousse au the-vert를 만들려면, 미리 얼음물에 젤라틴을 불려 (약 30분) 준비해놓는다. 젤라틴이 녹을 동안, 볼에 화이트초콜릿에 말차가루를 넣고 중탕하여 녹인다.

⑲ 볼에 달걀 노른자와 설탕을 넣어 섞고 데운 우유를 붓고 다시 잘 섞은 다음, 작은 냄비에 옮겨 담고 약불에서 농도가 되직할 때까지 주걱으로 계속 저어준다.

⑳ 젤라틴을 넣고 휘저은 뒤, 화이트초콜릿과 말차 믹스 위에 채반을 올려놓고 걸러준다.

㉑ 골고루 섞는다.

㉒ 80% 올려준 단단한 생크림을 넣고 다시 섞는다.

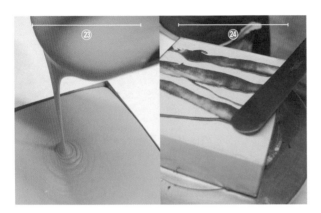

㉓ 차갑게 굳은 무스 틀에 ㉒를 붓는다.

 ㉔ 데커레이션으로 말차가루와 글라사주를 섞은 혼합물을 무스 위에 원하는 패턴대로 그리면 완성해 틀에서 분리한다.

Tips

---

1 만드는 시간이 오래 걸리기 때문에 오후에 만들어 그다음 날 오전에 마무리하는 스케줄이 적당하다.

2 일반적으로 설탕과 달걀이 들어간 혼합물의 밀도를 높이려면, 중탕에서 해야 거품이 더 잘 올라온다.

3 온도가 높아지면 분자들이 활발히 운동하는 원리이다.

한 입 베어물면 입안 가득 퍼지는 빵의 풍미.

폭신하고 따뜻한 빵, 이게 바로 행복이지.

할아버지가 생각났던
시간들

——————————

생각보다 책이 늦어졌다.

종종 빵을 사러 방문할 때마다 언제 나오냐는 질문에 뜨끔하고 미안했던 마음을 조금은 덜 수 있게 되었다. 그러나 왠지 그들의 이야기를 오롯이 담아내지 못했다는 아쉬움이 짙게 남는다. 처음 책을 제안받았을 때 레시피가 들어가는 조건이 필수여서 고민을 많이 했지만, 연락한 모든 베이커들이 허락을 해줬기에 진행할 수 있었다. 고맙고 기쁜 마음에 서둘러 작업해서 보여드리고 싶었기 때문에 그런 마음이 더 드는지도 모르겠다. 그럼에도 묵묵히 기다려준 10명의 베이커와 파티시에들. 그들이 아니었다면 나올 수 없었던 책이다. 아울러 미호의 정인경 편집자에게도 무한한 애정과 고마움을 전한다. 그녀의 추진력과 서포트가 있었기에 가능했다.

누군가는 빵 취재를 그렇게 많이 하면 질리지 않냐고 묻지만, 도무지 그럴 수 없는 나의 유전자. 충북 청주에서 작은 과자공장 청미당青美堂을 운영하셨던 나의 할아버지와, 빵을 나보다 더 좋아하는 아빠를 둔 내게 그런 일은 절대 일어나지 않을 것이다. 더 많은 빵들과 제빵사들을 만나고 싶은 건, 어쩌면 할아버지로부터 듣지 못한 이야기가 궁금해서 일지도 모르겠고 아니면 내가 하고 싶은 일을 누군가 훌륭하게 하는 사람들이 부러워서 일지도 모르겠다는 고백을 해본다.

#1.
주말에 찾아가도 언제나 가게를 지키고 있던 베이커들.
스스로에게 엄격한 그들은 좀처럼 쉬지도 않았다. 사업을 시작한 이후 제대로 쉬어본 적
이 언제인지도 모르는 경우가 대부분이었다. 맛있고 좋은 빵. 건강하고 먹어도 질리지 않
는 빵을 제조하기 위해. 단 하루를 쉬어도 마음은 언제나 가게에 있다고 털어놓았다.

#2.
책의 발간이 늦어지면서 소개된 베이크숍의 운영과 구조가 내용과 조금 다른 곳들이 있
다. '스퀘이이미'는 리뉴얼 기간을 통해 내부 인테리어를 더욱 고급스럽고 세련되게 바뀌
었고 메뉴 라인업도 조금 바꿔 기존의 파운드케이크 모양이 달라졌다. '미미롱'은 오프라
인 숍보다 먼저 인터넷에서 온라인 판매로 양과자 세트를 판매하기 시작했다. 여전히 그
곳에서 베이킹 수업은 진행 중이며 무스케이크를 비롯한 각종 케이크는 '소월길 밀영'에서
먹을 수 있다.

몹시 더웠던 2018년의 여름이 지나가고 있는 어느 날에
오승해

메이드 바이 베이커

초판 1쇄 인쇄 | 2018년 9월 14일
초판 1쇄 발행 | 2018년 9월 28일

지은이 | 오승해
발행인 | 이원주

임프린트 대표 | 김경섭
책임편집 | 정인경
기획편집 | 정은미 · 권지숙 · 송현경
디자인 | 정정은 · 김덕오
마케팅 | 윤주환 · 어윤지
제작 | 정웅래 · 김영훈
사진 촬영 | 오승해 · 이종호

발행처 | 미호
출판등록 | 2011년 1월 27일(제321-2011-000023호)

주소 | 서울특별시 서초구 사임당로 82
전화 | 편집 (02) 3487-2814·영업 (02) 3471-8044

ISBN 978-89-527-9397-3 13590

이 책의 내용을 무단 복제하는 것은 저작권법에 의해 금지되어 있습니다.
파본이나 잘못된 책은 구입한 곳에서 교환해드립니다.